服装立裁制板实训

FU ZHUANG LI CAI ZHI BAN SHI XUN

王东辉 刘 兰 编著

辽宁美术出版社

图书在版编目（CIP）数据

服装立裁制板实训／王东辉，刘兰编著．—沈阳：辽宁美术
出版社，2008.1
　　ISBN 978-7-5314-4020-8

　　Ⅰ．服…　Ⅱ.①王…　②刘…　Ⅲ.服装量裁　Ⅳ.TS941.631

中国版本图书馆 CIP 数据核字（2008）第 000667 号

出 版 者：辽宁美术出版社
地　　址：沈阳市和平区民族北街29号　邮编：110001
发 行 者：辽宁美术出版社
印 刷 者：沈阳佳麟彩印厂
开　　本：889mm×1194mm　1/16
印　　张：7
字　　数：60千字
印　　数：1-3000册
出版时间：2008年1月第1版
印刷时间：2008年1月第1次印刷
责任编辑：薛　莉　王　申
版式设计：刘　兰　陶　新
摄　　影：陶　新
技术编辑：鲁　浪　徐　杰　霍　磊
责任校对：张亚迪
ISBN 978-7-5314-4020-8
定　　价：30.00元

邮购部电话：024-83833008
E-mail:Lnmscbs@163.com
http://www.lnpgc.com.cn

前　言

　　服装立体裁剪与制板是服装设计环节中重要的设计表现方法。它能直观地再现板型，同时也为制板提供精准的数据。也就是说，服装立体裁剪与制板是使服装设计作品完美再现与实现的最有力的表现手段。世界著名服装大师流传久远的经典作品无一不是用立裁的方法来表现的。

　　我国的立裁技术兴起于20世纪90年代，大多引进的是日本的立裁方法，至今所出版的有关立裁方面的著作或教材也是日本的立裁体系，而且大多的内容仅局限在如何认识立裁与基本的款式操作的内容上。本书引用了世界各国，特别是欧洲国家现代服装设计作品及裁剪制板方法，突破了"基本款式操作"这个层面，显著的特点是：通过本书的学习，不但会懂得基本款式的操作，而且更重要的是能实际应用。因为目前服装企业急需的是动手能力强、具有实际应用能力的人才。

　　本书内容共分为基础知识、立裁的实际应用（结合世界服装大师经典作品进行解析）、立裁作品鉴赏三大部分十章。尤其是"立裁的实际应用"这部分内容具有创新性的编排，详细地为每一款经典的流传久远的大师作品进行解析，具体流程是：服装设计→立体操作→立体裁剪制作板型→技术整理纸样→原型法制图→工业制板等环节，涵盖了从服装设计到制板的全过程。本书图文并茂，不仅使读者能清晰地看到大师作品设计完成的整个过程，又能把大师的创作理念和技法应用到实际工作中，真正做到不但"会操作"而且"能应用"。

　　本书对服装专业的学生还具有很强的功能性。它以提高学生就业能力为目标，力求突出岗位所需要的知识点和操作能力的训练步骤和方法，既有立体制作的工业样板，同时又配有原型法制图，使学生由立体到平面，再由平面到立体的深层转换和理解，也可把工业制板的板型直接应用到实际工作中。

　　本书在编写的过程中得到服装行业专家、教育专家和同仁的大力支持。值此《服装立裁制板实训》出版之际，感谢陶新老师、孙露教师的参与。我们相信这本极具实训特色的服装设计制作图书会受到广大读者和师生的喜爱。

目　录

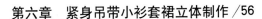
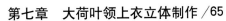

第一章
立体裁剪制板的基础知识

● 立体裁剪概述

一、服装立体裁剪

服装立体裁剪又称服装结构立体构成，是设计和制作服装纸样的重要方法之一。其操作过程是，先将布料或纸张覆盖于人体模型或人体上，通过分割、折叠、抽缩、拉展等技术手法制成预先构思好的服装造型，再按服装结构线形状将布料或纸张剪切，最后将剪切后的布料或纸张展平放在纸样用纸上制成正式的服装纸样。这一过程既是按服装设计稿具体剪切纸样的技术过程，又包含了从美学观点具体审视、构思服装结构的设计过程。

顾名思义，立体裁剪主要是采用立体造型分析的方法来确定服装衣片的结构形状，完成服装款式的纸样设计。具体一点说，立体裁剪就是以立体的操作方法为主，直接用布料在人台或人体上进行服装款式的造型，边裁边做，直观地完成服装结构设计的一种裁剪方法。它的重要性在于，既能看到立体形象，又能感到美的平衡，均量长短，还能掌握使用面料的特性。

立体裁剪造型能力非常强，并且十分直观——在裁剪的同时就能看到成型效果，所以结构造型设计也就更准确，更易于满足随心所欲的服装款式变化要求。掌握立体裁剪的操作方法和操作技巧，对服装设计师来说，不仅又多了一条实现自己绝妙构思的快捷思路，而且还非常有助于启发灵感，大大开阔了设计思路途径；而结构设计师掌握立体裁剪技术后，不仅多了一种服装结构设计的方法，而且可以通过立体裁剪的实践，更加深刻地理解平面裁剪的技术原理，增强自己的裁剪技术本领。

二、立体裁剪的历史和发展

服装立体裁剪作为服装结构构成的方法之一，

与一切裁剪技术方法一样，是伴随着人类衣着文明的产生、发展而形成和逐步完善的。尽管东西方服饰文明曾有过异同的发展轨迹，但在东西方服饰文明充分融合、演化的今天，服装立体裁剪已成为人类共有的服装构成方法，并将随着人类服饰文明的深入发展，进一步推陈出新，形成完整的理论体系。

在漫长的原始阶段，原始人将兽皮、树皮、树叶等，简单地加以整理，在人体上比画求得大致的合体效果后加以切割，并用兽筋、皮条、贝壳、树藤等材料进行固定，形成最古老的服装。在人类还不懂得几何图形的绘制与计算时，原始的立体裁剪便产生和应用了。

在以后相当长的历史长河中，由于科学技术的进步，原始的立体裁剪在产生平面裁剪之后逐渐丧失了其应用价值。但至公元15世纪前后，东西方由于长期以来在哲学、美学、文化上的差异，服饰文化又有较大的不同。

根据苏格拉底等人"美善合一"的哲学思想，古希腊、古罗马的服装便开始讲究比例、匀称、平衡和和谐等整体效果。至中世纪，基督教强调人性的解放，直接影响到在美学上确立以人为主体、宇宙空间为客体的对立关系的立体空间意识。这种意识决定了欧洲人在服装的造型上视服装为自我躯体对空间的占据，在服装上必须表现为三维立体造型的认识。从15世纪哥特时期耸胸、卡腰、蓬松裙身的立体服装的产生，至18世纪洛可可服装风格的确立，于是强调三围差别、注重立体效果的立体服装就此兴起。历经兴衰直至今日，虽然服装整体风格不再过分强调这种形体的夸张，但婚纱、礼服仍然承袭着这种造型设计的思维。这种立体服装的产生促进了立体裁剪技术的发展，而现代立体裁剪便是中世纪开始的立体裁剪技术的积累和发展。

在东方，特别是东亚，由于受儒教、道家"禁欲律行"哲学思想的支配，其服饰文化更多地表现为含蓄。东方宇宙观强调"天人合一"，在艺术表达上追求意象，因而在服装造型上表现为一种抽象空间形式，象征性地表达了人与空间的协调统一关系。自中国周朝的章服至近代的旗袍、长衫，以及日本的和服等，基本上都是以平面结构的衣片构成平面形态的服装，并适应立体形态的人体，达到三维空间的效果，因而在服装构成上偏向于平面裁剪技术，但不排斥在构成中两者的交替使用。时至今日，世界服饰文化通过碰撞、互补、交融，得到迅速的发展，西方服装代表了近代服装科技发展的方向，并已成为全球日常服装的流行主体。因此，立体裁剪和平面裁剪同样成为世界范围的服装构成技术。

三、立体裁剪的特点

立体裁剪在一些时装业发达的国家一直被广泛地运用着。随着我国服装业的迅速发展，它也必然会被我国服装专业人士和服装爱好者所认识并运用。主要是因为立体裁剪有着许多使人折服的特点：

1.立体裁剪造型直观、准确

造型直观、准确是立体裁剪最明显的特点。因为立体裁剪是用布料在人体或人台上直接立体模拟造型的，它可以立竿见影地看到服装的成型效果，所以也就比较容易准确地完成已确定款式的服装结构设计。平面裁剪靠的是经验，在处理一些我们经验不足、把握不准的服装结构时，立体裁剪往往优势十足，您可以不要计算、不要绞尽脑汁，只要用您的眼睛看就可以了。

2.立体裁剪造型快捷、随意

在进行一些立体效果较强、有创意的服装结构设计时，立体裁剪造型快捷、随意的特点将体现得淋漓尽致。以平面裁剪方法处理一些有褶裥、垂荡等造型变化的服装款例时，往往只能采用剪切拉展的方法，剪切拉展的剪切线位置以及拉展量都只能靠大致的估计，所以虽然经过反复操作，服装的成型效果有时还是不尽人意。这时，若采用立体裁剪的方法来处理，就可以根据款式要求随意进行造型的处理，非常快捷地完成看似繁杂的款式。

3.立体裁剪简单易学

立体裁剪是一门以实践操作为主的技术，没有太多的理论，也不需复杂的计算，甚至不需您有任何的服装裁剪经验，就可以在较短的时间内掌握它的操作方法和操作技巧，裁制出既有新意又舒适合体的服装。所以，立体裁剪不仅被服装专业人士所青

睐，而且吸引了大量的服装爱好者，这些特点在我的大量教学实践中已得到了充分的体现。

● 立体裁剪的工具与材料

这里介绍的工具都是立裁制板很基本的，很必要的。对工具准备充分，不但会使你的立裁制板工作有一个良好的开端，而且，还会提高工作效率和立裁与制板质量，所谓"工欲善其事，必先利其器"。下面介绍的工具都是有着重要作用的专业工具，使用十分方便。

人台也叫人体模型，是立体裁剪最重要的工具。虽然立体裁剪也可以直接在人体上进行操作，但多数情况都是以人台为基准操作的。立裁人台的塑型基准自然为人体体形，而人体体形有着地域性差异的特点，所以立裁人台的体形特征也因国家和地域的不同而不尽相同。因而不同国家、不同地域有着基于自己国家和地域的人群体形特征而研制开发的立裁人台。

人体体形随着时间的变化是会有一定的发展变化的，所以立裁人台的研制开发也应根据人群人体体形的变化而不断修正变化，一般与服装号型标准的修订同步进行。

一般常见的人台不是都适合立体裁剪的。常见的人台可以分为裸体人台、展示用人台、立裁工业人台。它们无论是在造型特点上还是在材料上都不尽相同。以下就立裁工业人台作详细介绍。

一、工业人台

工业人台又叫产业人台，是日本文化式人体模型，它的标志为9A2，9代表M号，A代表标准体，2代表总体高。它不是某个人体的复制，是依据很多人体各部位的数据归纳整理出具有代表性的人体比例尺寸，然后对人体进行修正，比如，胸围、臀围加了一定放松量（肌肉的运动量），把比例与功能、比例与美感相结合，美化了人体，立体操作起来比较容易，很适合工业化大生产。本书使用工业人台操作。

二、工业人台的特点

1.覆盖率高，比较美，实用性强。

2.对成衣来讲，体形覆盖率更高。

3.人台上肩胛骨、斜方肌、臀肌凸起的程度，腹部、臀部都有不同程度的调整。

4.人台的肩斜度要标准，不溜、不平，斜度适中。

5.人台必须左右对称，人台包布的缝线和人体的公主线位置应吻合，线条流畅漂亮。

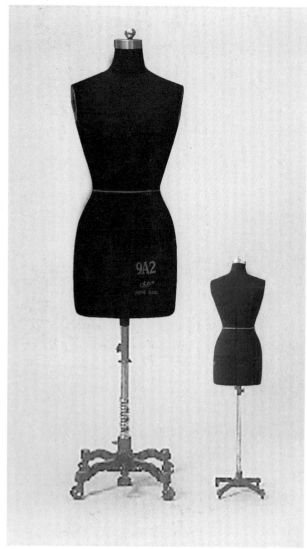

工业人台

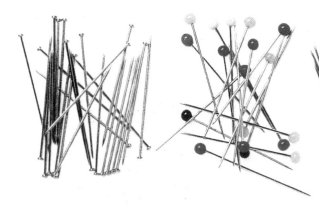

女装用大头针　　　玻璃珠大头针　　　花边用大头针　　　T形针

三、操作制板工具

1.大头针。立体裁剪使用的大头针一般有多种不同的粗细和长短，质地有黄铜、不锈钢、镀镍不锈钢等。标准女装大头针长为2.6厘米，高档面料及轻薄面料用的大头针则要短些，一般长为2.3厘米。有玻璃珠的大头针比较便于拿取，T形针则适用于网眼织物。

2.剪刀。西式立裁曲柄剪刀。用于布料的裁剪，锯齿剪刀。有多种不同大小型号，可根据自己的喜好选用，一般稍小较好，分量较轻而且操作灵活。锯齿剪刀用于毛边脱散。

3.铅笔。这里需要的铅笔是用来在坯布上画线、标点的，以2B型号的绘图铅笔最合适。铅笔太硬，图线将不清晰；太软，图线难以规范或显得较脏。

4.粘带。粘带是用来贴置人台标识线以及记录坯布造型结构线的。立裁专用胶带为成卷的宽度为3毫米的单面粘纸，颜色有黑、白等多种。

如无法购买到立裁专用粘带时，也可将即时贴裁割为3毫米的细条代用，效果也很好。对粘带颜色的选择有两条基本原则：一是和人台的颜色有较大的反差；二是在坯布覆盖后，还可以透过坯布看得见。所以，粘带的颜色可以为黑色（适合白色人台）、白色（适合黑色人台）或比较鲜亮的颜色。

5.针插。针插是插别大头针用的，在立裁操作时一般戴在手腕或手背处，方便大头针的随时取放。如图针插有多种样式，市场有成品可选购，也可自己动手制作。

6.点线器。用于上下两层布料在同一部位作对位记号及放缝份。

7.熨斗。熨斗用于熨烫裁剪用布以及使某部位形态固定。一般以采用500W以下带蒸汽装置的电熨斗为宜。为了能有效地控制温度，熨斗必须带有温度指示盘。

剪刀　　　　　　　　　　　锯齿边剪刀

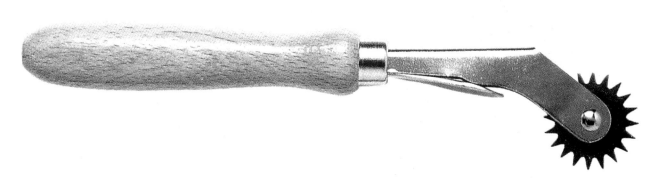

点线轮

铅笔

粘合标线带

熨斗

针插

8.尺子。要保证服装合身,制板标准,一定要选用适宜尺子,以便随时对纸样进行必要的调整,确保最后的成衣效果。蛇形尺可弯曲成任何形状,用于修正曲线纸样。软尺柔韧性好,准确不变形。法式标准曲线板用于修正纸样的曲线部分,如袖窿、领窝等。法式全功能曲线板,用来调整纸样曲线部分的弧形边缘和画纸样的直角边。

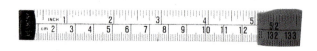

软尺

蛇形尺

法式标准曲线板

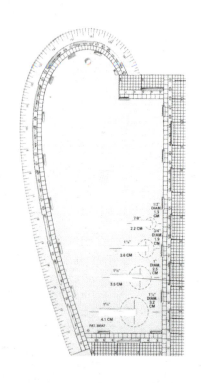

9.坯布。坯布就是织造后只经过最简单整理的原色的全棉布,它有不同程度的厚薄、梳密、柔软和硬挺之分。立体裁剪使用最广的是宽幅平纹棉布,经纬的织纱有40号薄质到20号厚质等各种型号,可以按用量选料。因此平织的布纹清楚可见,这是优点,也有纵、横布纹里织进彩色线的,有时用起来很方便。最好避开那些易滑、易伸展和过沉的材料,在实际的立体操作中,为了保证服装造型的准确,所用的坯布应依据服装实际所用面料的特性来匹配选择。这样就可能顺利而准确地进行立体操作,熟练了也可以用实际面料来进行立裁操作。

法式全功能曲线板

● 大头针的别法

大头针的正确别法，是进行立体裁剪必须掌握的技巧之一。在立体操作中，部位的连接全由大头针完成。针的别法不同，用法不当，会破坏造型，影响织物平衡，因此，操作时应遵循以下针法原则：

1.针的方向一致，大头针方向可以水平，也可以斜向。为了保证美观性，针的方向应基本保持一致。

2.针与针的间距均匀，一般在比较长、比较直的部位针的间距稍大，在曲线部位，针的间距可稍密，最好在同一款上针与针间距应均匀一致。

下面介绍四种针法形式：

抓别固定法——将布料与布料抓合之后，用大头针由上向下抓别上，使布料贴在人体模型上，并在贴合处留给松量。大头针抓别的位置，就是完成线的位置。

折别固定法——将一块布料折叠之后，重叠在另一块布料上，用大头针斜别固定，由于完成线在表面上显而易见，直接确认完成线是否顺畅美观，并且可以试穿。折叠线就是完成线的位置。

藏针固定法——从一块布料的折线插入大头针，穿过另一块布料，再回插折线内方法，这种方法也能显示出内折的完成线位置，适用于袖子固定，布料的折线为完成线的位置。

重叠固定法——将两块未经折叠后的布，用大头针固定，大头针固定的位置就是完成线的位置。

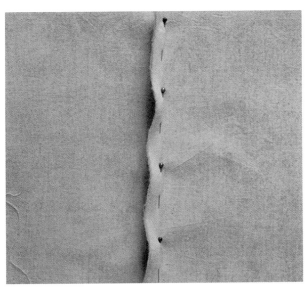

抓别固定法

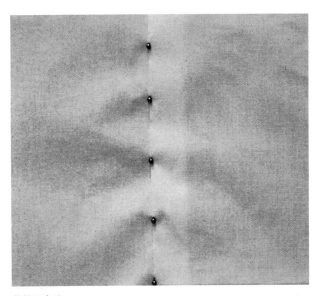

藏针固定法

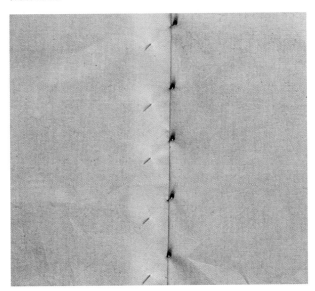

折别固定法

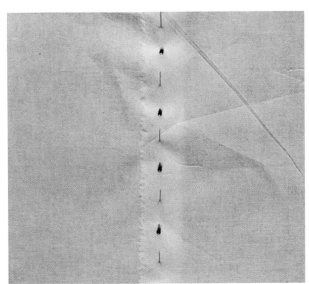

重叠固定法

服装制板常用的符号

名　称	符　号	说　明
基础线	＝ ＝ ＝ ＝ ＝	引导结构的辅助线，比制成线细的实线或虚线
完成线	▬ ▬ ▬ ▬	纸样完成后的边际线，在纸样设计图例中最粗的线
连折线	― ― ― ―	此处不剪断
贴边线	―・―・―・―	表示贴边位置的大小，主要用在里布的内侧
直丝符号	⟵―――――⟶	箭头方向对准布丝的经纱方向
毛向符号	――――⟶	单箭头所指方向与带有毛向材料的毛向相一致
等分符号	⌢⌢⌢	符号所指向的尺寸是相同的
直角符号	⌐	此部位为90°角
拼接符号	◯	两部分拼合在一起，在实际纸样上此处是完整的
省	▷◁	表示局部收拢缝进及省道位置与大小
活褶符号	▦ ▦ ▧ ▧	表示需要折进的部分，有单褶、明褶、暗褶之分，褶的方向是斜线由高向低折
缩缝符号	∿	需要缩缝的部位
拨开符号	⋀	表示经过熨烫需要拨开、拉大的部位
归拢符号	⌒	表示经过熨烫需要归拢、收缩的部位
重叠符号	✕	表示纸样重叠交叉部位

服装制板常用的代号

中 文	英 文	代 号	中 文	英 文	代 号
胸围	Bust	B	膝线	Knee Line	KL
腰围	Waist	W	乳高点	Bust Point	BP
臀围	Hip	H	肩颈点	Side Neck Point	SNP
颈围	Neck	N	肩端点	Shoulder Point	SP
胸围线	Bust Line	BL	袖窿周长	Arm Holl	AH
腰围线	Waist Line	WL	前领窝中心点	Front Neck Point	FNP
臀围线	Hip Line	HL	后领窝中心点	Back Neck Point	BNP
肘线	Elbrow Line	EL	中臀围线	Middle Hip Line	MHL

第二章
上半身原型立体制作

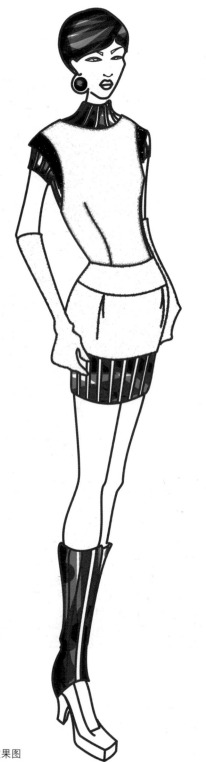

● **上半身原型（日本文化式）概述**

　　所谓原型是指符合人体原始状态的基本形状。原型是构成服装样板设计的基础。服装原型朴素而无装饰，具有简单、实用方便等特点。

　　服装的款式变化日新月异、丰富多彩，但是服装无论怎么变化，关键还是要抓住"基本型"，即原型。因此说原型是服装结构纸样设计的基础。

示意图

● **上半身原型用料图**

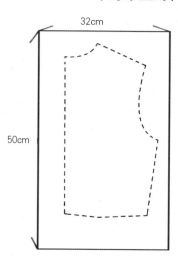
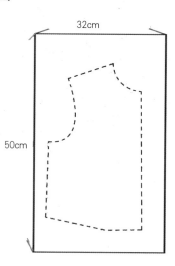

● 上半身原型制作步骤

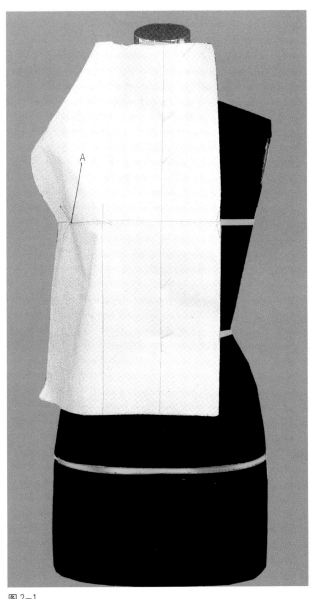

图 2-1

1.立体裁剪以右半身为主。

2.前片,布样的前中线、胸围线与人台上的前中线、胸围线对齐。

3.用两个大头针分别固定前领窝点、腰部,乳间处是空的,不要拉直。

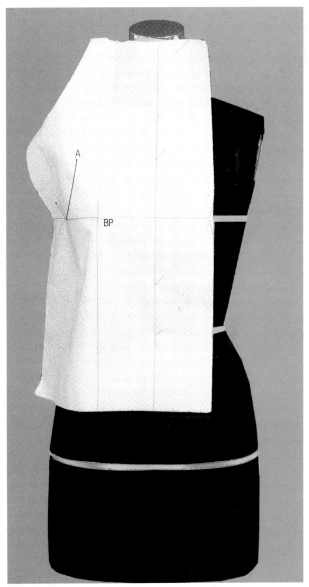

图 2-2

1.水平打剪口至前领点。

2.由前领点向肩的方向理顺,固定侧领点。

3.在 BP 点取 0.25 × 2 厘米松量用两针固定。

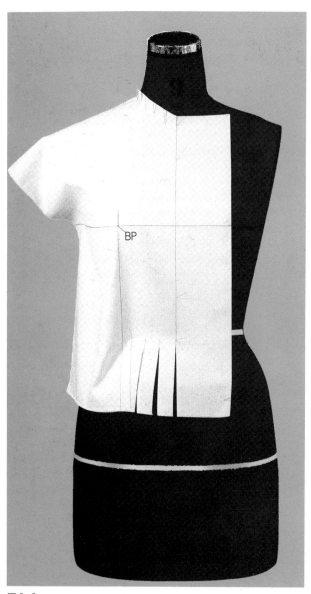

图2-3

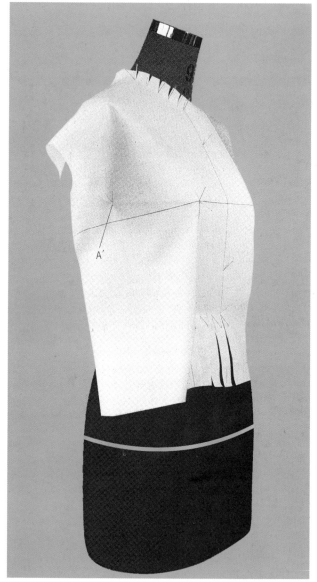

图2-4

1.剪去领窝多余毛边，留2厘米余份，然后在转折处打5个剪口。

2.塑造转折面，由BP点轻轻地理顺到侧面，胸线水平，不要拉紧，留有松量。

3.在前中腰部打4个剪口，使腰部至臀部平整。

1.确定肩宽，剪去肩部多余毛边，留2厘米余份。

2.把袖窿余缺的量向下移动，留有余量。这时布样的胸围线在侧中下落属于正常。

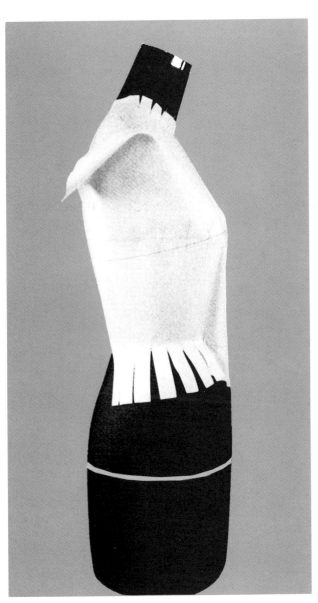

图 2—5

1.在转折面的胸围线用大头针固定。

2.做腰部的转折面,留0.2×2厘米松量。在腰部打几个剪口,使腰部至腹部平整。然后固定侧中线。

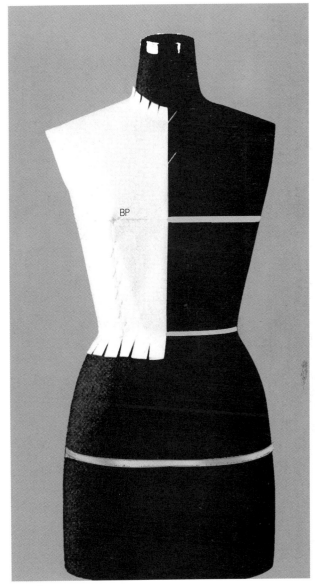

图 2—6

1.斜针折别BP点下边的腰胸省,省尖确定在BP点向下1厘米。

2.剪去腰部多余毛边,留5厘米余份。

3.剪去前中线毛边,留3厘米,再折进去。

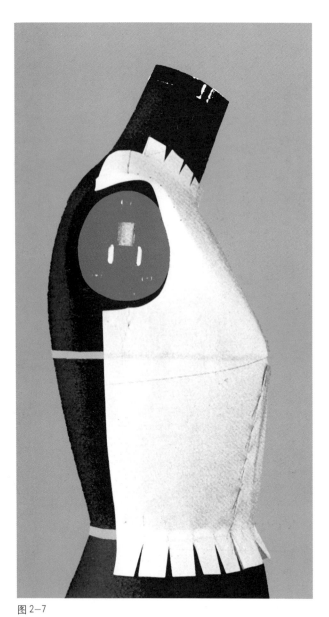

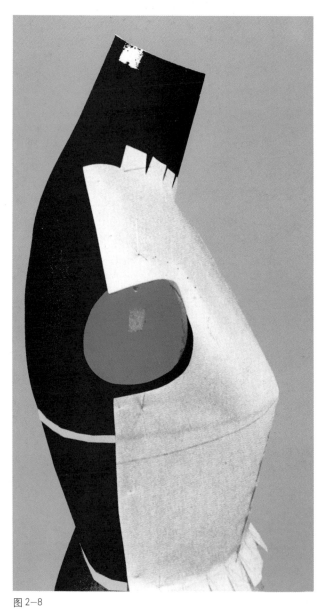

图 2—7

折别后侧面造型，袖窿平衡。

图 2—8

肩线顺直，袖窿深点由腋窝向下 2.5 厘米，插针固定。

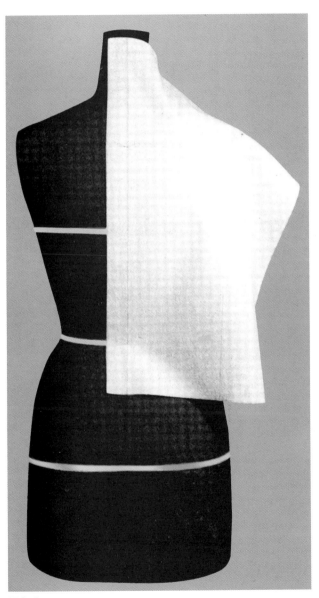

图 2—9

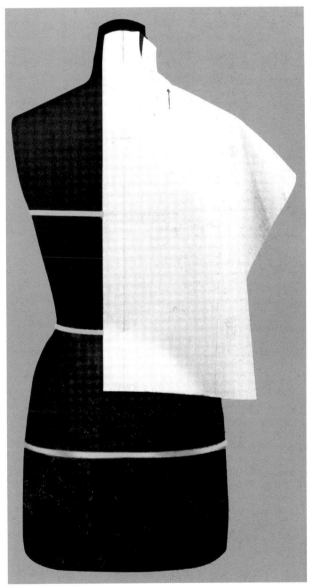

图 2—10

后片，布样的后中线、背宽横线与人台上的后中线、背宽横线对齐。在背宽横线与后中线交点，背宽横线、腰围线分别插两针。

1.背宽横线保持水平。

2.在背肩胛骨处取0.3×2厘米松量，顺沿向上由后颈点向肩的方向理顺。在颈窝处打两个剪口，确定颈侧点。

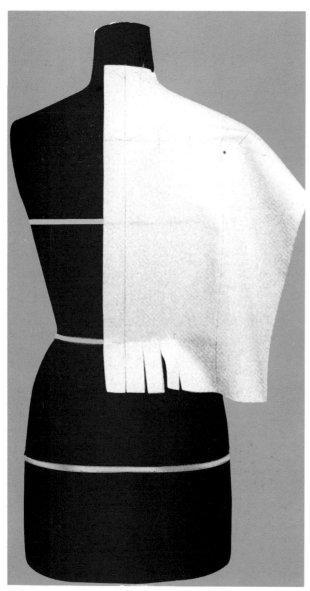

图 2—11

图 2—12

1.剪去领窝多余毛边，留2厘米余份，然后用两针固定。

2.在腰部打3个剪口，使腰部平整。

1.在背宽处要留松量，不要拉紧，顺沿向上确定肩宽点，用针固定。

2.由背宽肩胛骨向上把肩部余量捏肩省。

3.再由背肩胛骨向下把腰部余量捏腰省，并且在腰部打剪口。

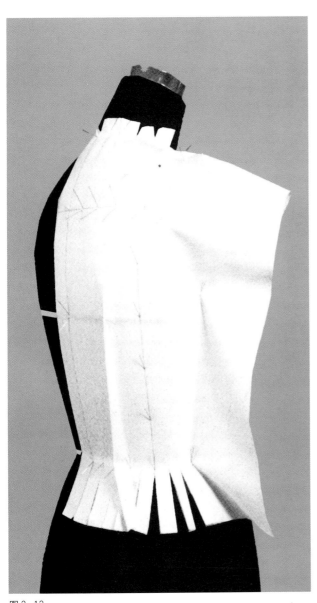

图 2—13

1.塑造由后向侧的转折面，不要拉紧，要留松量。
2.确定肩省省间，由背肩胛骨向上6厘米腰省省尖，由胸围线向上2厘米。

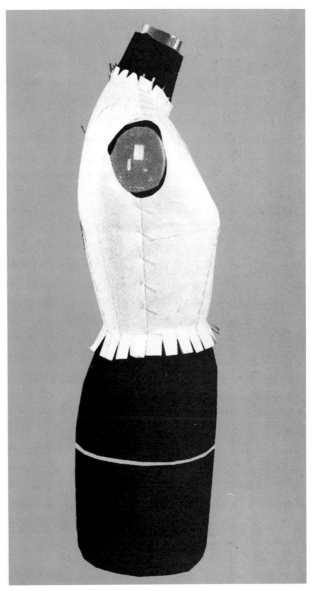

图 2—14

1.剪去肩部、侧中、袖窿、腰部多余毛边，留2厘米余份。
2.斜着折别肩省、腰省、肩线、侧中线，折别时，针距均匀。在肩省、腰省，肩线、侧中线要留一定松量。

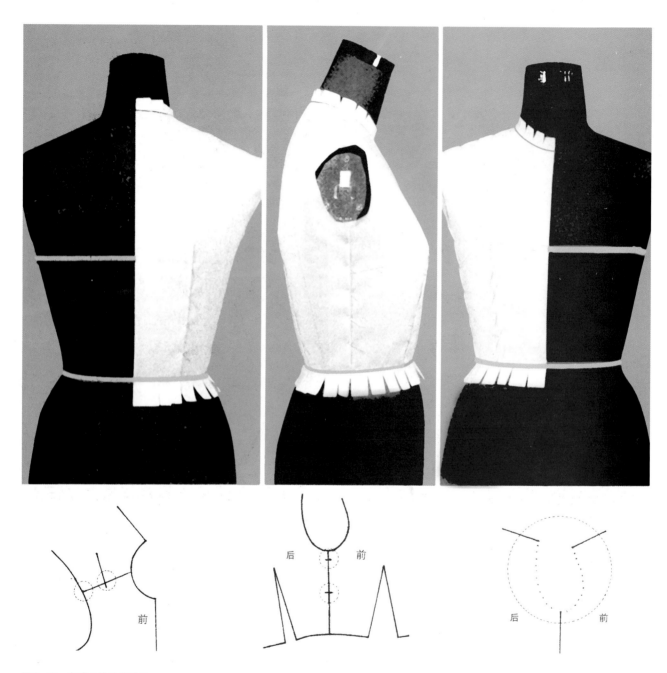

图 2—15 完成立体造型效果

1.标点描线，记录初步造型所得到衣片的结构，可以采用胶带贴出的方法，也可以采用标点的方法用胶带贴出领口弧线、腰围线，由后向前要圆顺。

2.肩线，作标点，并且标注出肩省与前肩合印。

3.侧中线作标点，把人台上的胸围线标记上，在侧中线由腋窝向下2.5厘米作标注"+"。

4.袖窿深点作标点，由腋窝向下2.5厘米，袖窿弧要圆顺。

5.标注前后颈侧点、肩点、袖窿深点、腰围与侧中交点。这些都是公用点，必须标注"+"。

图 2–16　原型衣应符合的条件

1. 领围线圆顺，无凸起，无漂浮。
2. 袖窿线、袖根线、合袖印及周边无漂浮，无压迫。
3. 腰围线水平。
4. 与人体具有适当的放松度，背宽，胸宽，肋宽比例协调。
5. 肩线在肩棱线前后，肩斜线顺直，平服。
6. 原型整体无斜折吊绺，布目顺直，与人体相符。

● 上半身原型平面展开布样

标点、描线，平面整理布样、对应剪修，将所标记点连直线或弧线，然后修剪缝份，再画出完整的前片布样和后片布样。

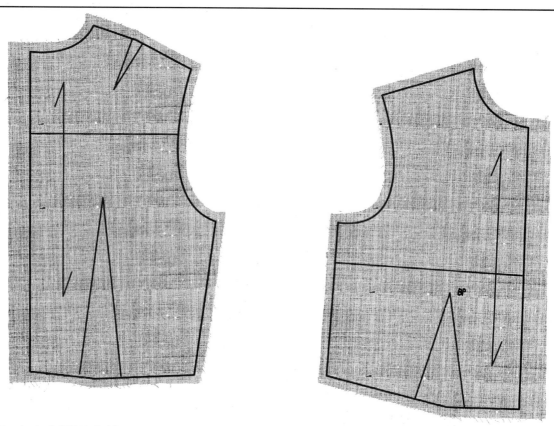

● 上半身原型法制图

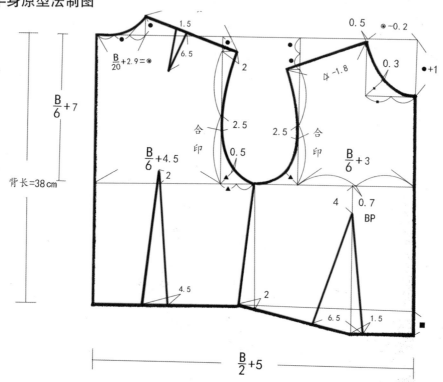

第三章

造型省应用（完成立体造型效果和原型法制图方式及平面展开图例）

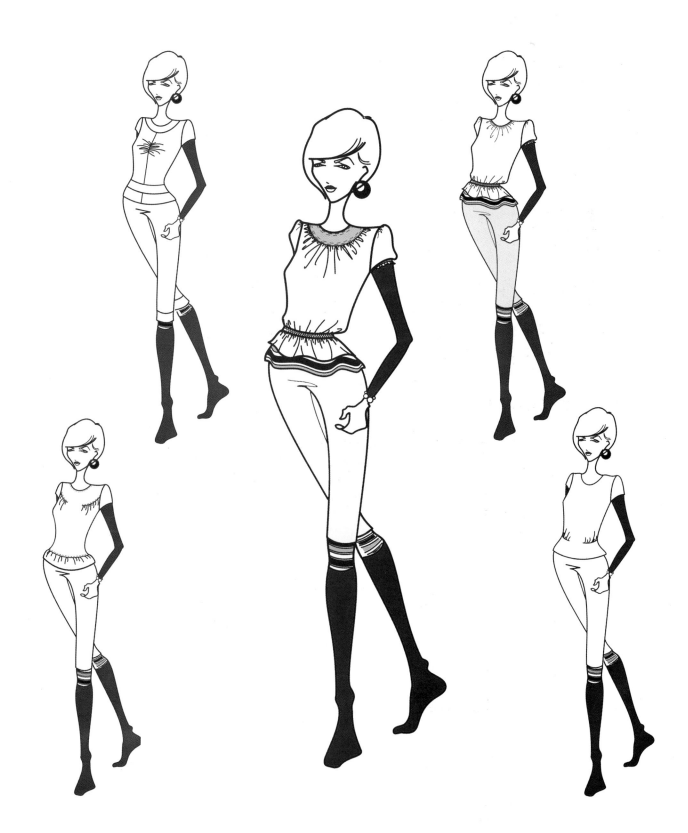

● 前中心线的变化

前中碎褶塑造胸部造型

1.确定碎褶分散的位置，如右图①②③设在前中线上，然后，BP－①、a－②、b－③,分别连水平线。

2.把BP－①、a－②、b－③分别剪开，使点A到B、点C到D合并，形成放射状态，使前中心线展开。

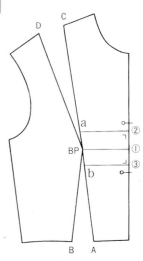

原型法制图方式

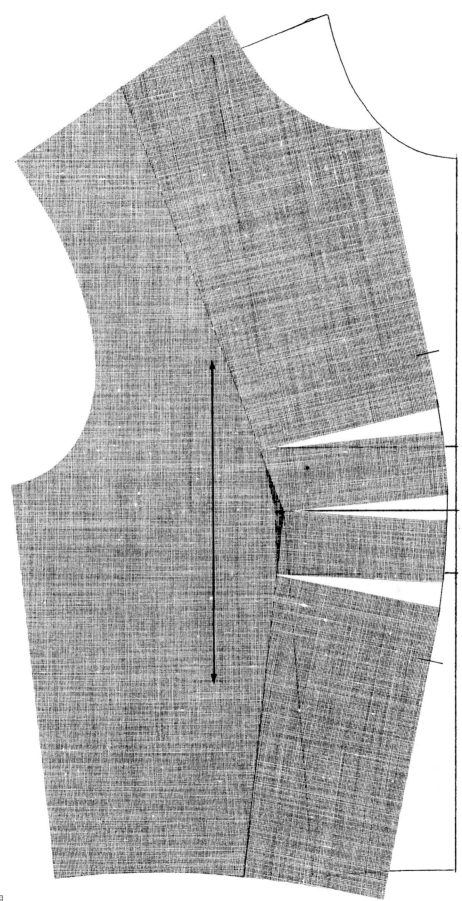

前中心线展开图

● 领口线的变化

领口碎褶塑造胸部造型

1.确定褶分散位置,如图①②③④设在领口线上,然后BP-①、a-②、b-③、c-④连直线。

2.把BP-①、a-②、b-③、c-④分别剪开,使点A到B合并,形成放射状态,使领口线展开。

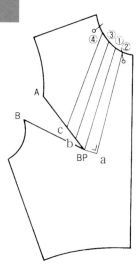

原型法制图方式

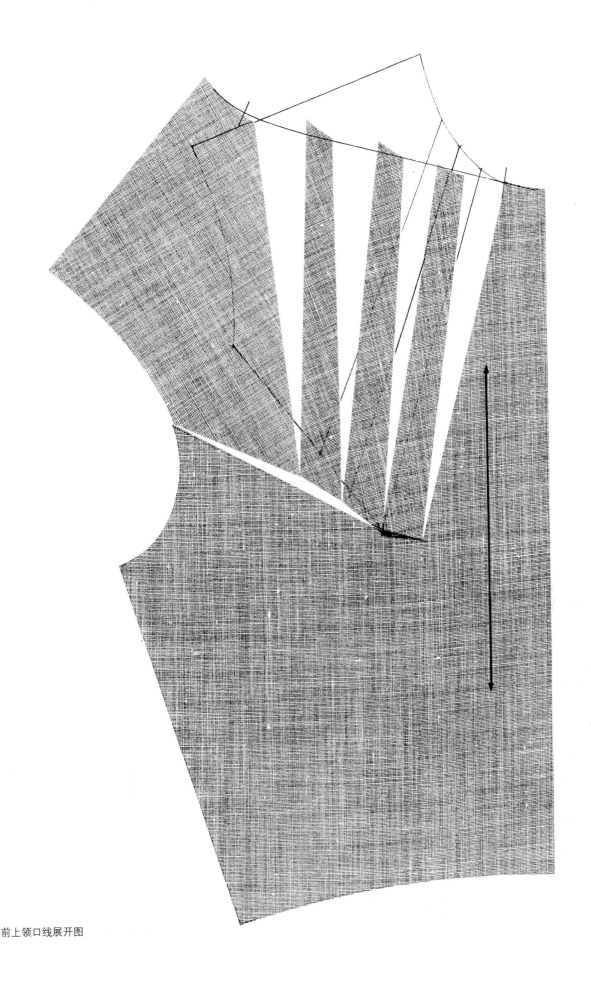

前上领口线展开图

● 袖窿弧线的变化

碎褶塑造胸部造型

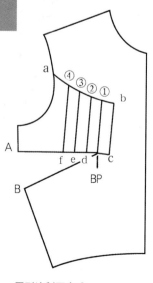

原型法制图方式

    1.确定开刀线的位置，如右图a−b。然后在a−b开刀线上确定①②③④褶分散的位置。

    2.然后c−b、BP−①、d−②、e−③、f−④连直线。

    3.分别剪开c−b、BP−①、d−②、e−③、f−④，形成放射状态，合并点A到B，展开袖窿弧线。

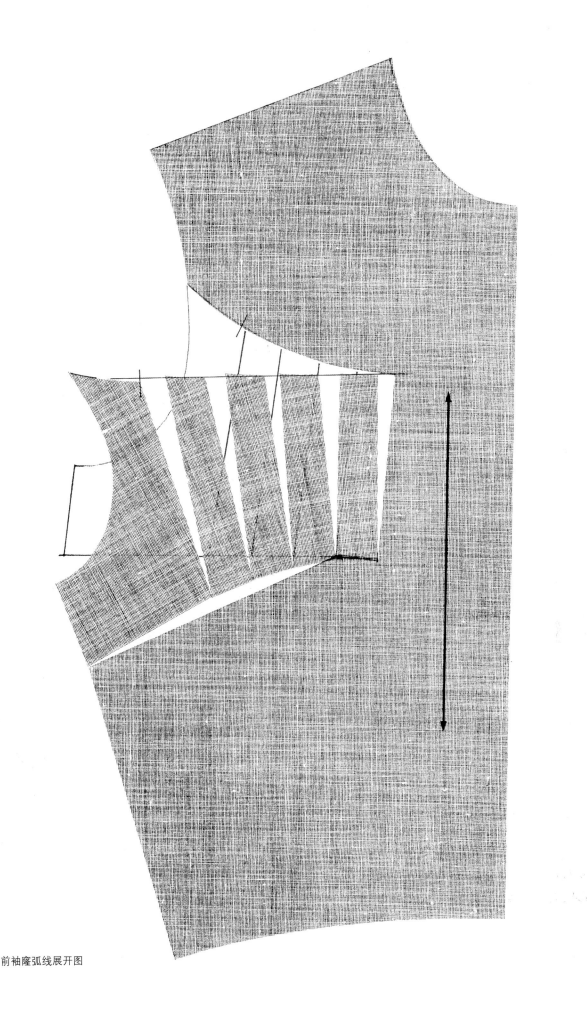

前袖窿弧线展开图

● 肩线的变化

碎褶塑造胸部造型

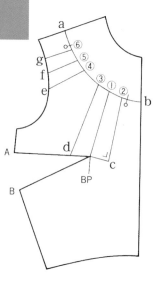

原型法制图方式

1.确定开刀线的位置，如右图a-b。在开刀线上设置①②③④⑤⑥，然后，BP-①、c-②、d-③、e-④、f-⑤、g-⑥连直线

2.分别剪开BP-①、c-②、d-③、e-④、f-⑤、g-⑥，合并点A到B，形成放射状态，使肩线展开。

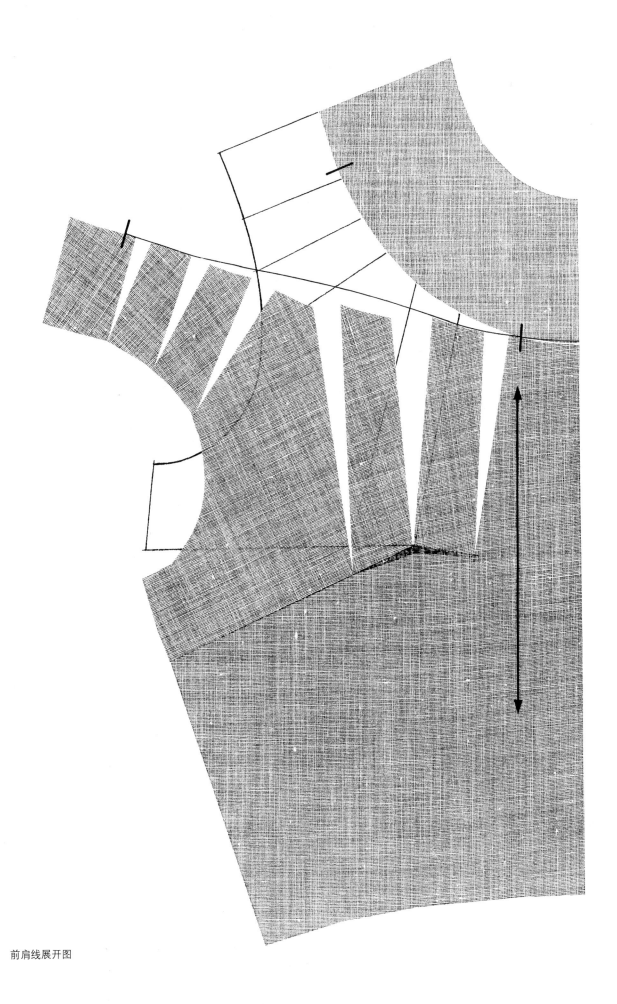

前肩线展开图

● 肋线的变化

碎褶塑造胸部造型

1.确定开刀线的位置，如右图 a–b、c–BP。

2.把①②③设置在开刀线上，然后① –BP、② –d、③ –e 连直线。

3.把① –BP、② –d、③ –e 及 c–BP 分别剪开，形成放射状态，使肋线展开。

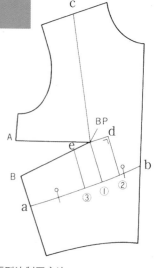

原型法制图方法

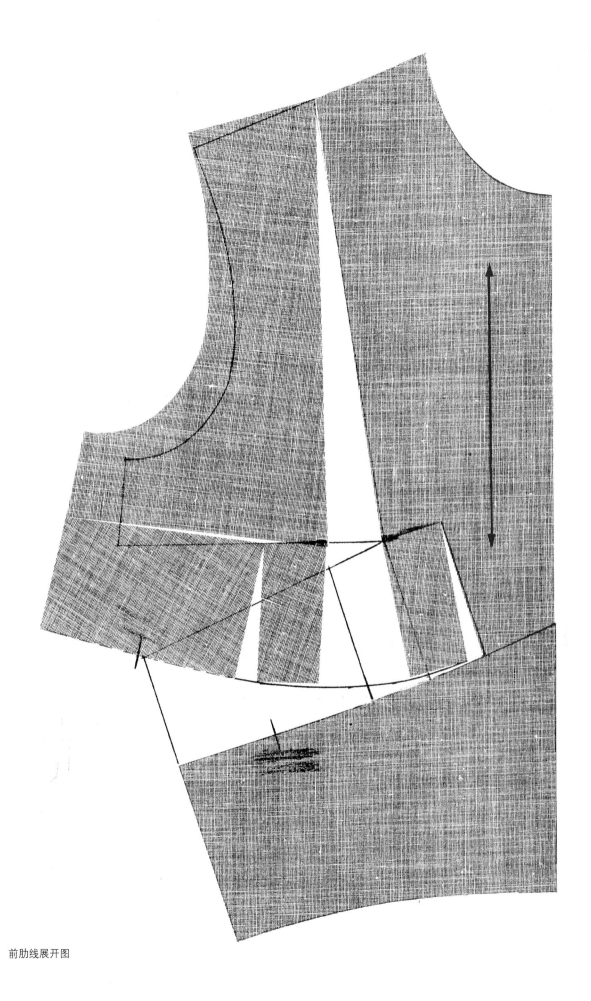

前肋线展开图

第四章
双排扣女西服上衣立体制作

效果图

● 诺尔曼·哈特耐尔大师作品解析

　　诺尔曼·哈特耐尔（Norman Hartnell)是英国现代时装设计师中的元老，也是颇具特色的战时时装设计的代表人物。曾为英国政府设计了战时的制服。战时时装的特点是肩部较宽、形状方正、线条硬朗、设计简约。女性着装时若把头发束起或配以短发造型会更显高挑。例如这件双排扣西服上衣，它的特点是由三片构成，整体简练、洁净、轮廓清晰，对人体进行完美修正，朴实自然，是职业衣装的典范。

示意图

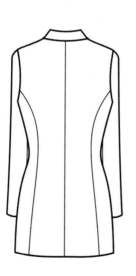

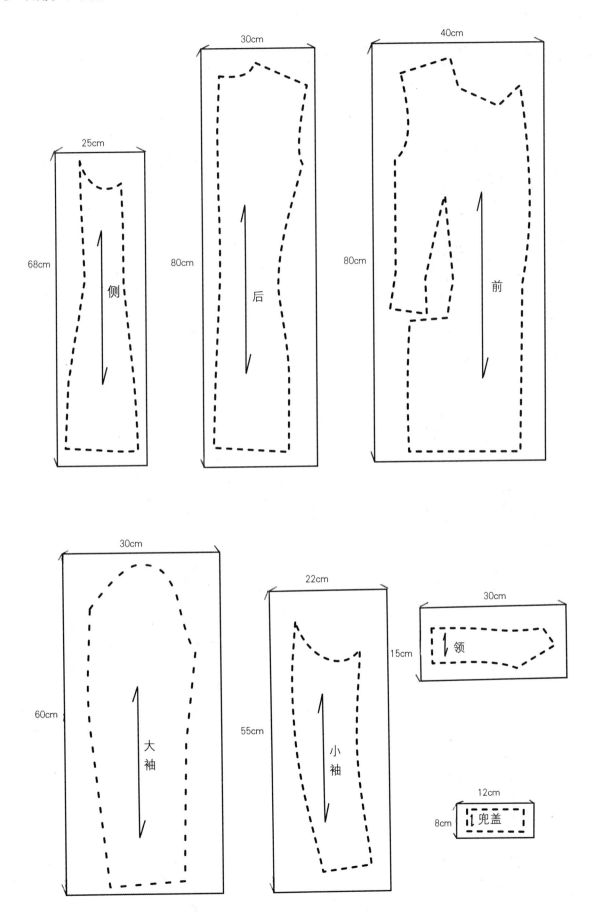

● 双排扣女西服上衣制作步骤

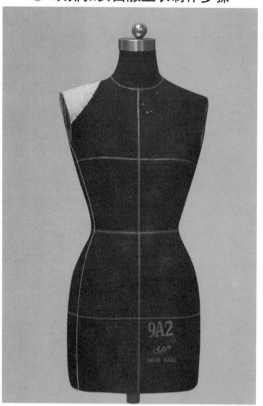

1.垫肩。把垫肩对折取中点，再向前移1厘米，与肩宽点对上，然后，向外探出0.8～1厘米用针固定。由腰围线向下7厘米左右，贴出兜口线的位置。

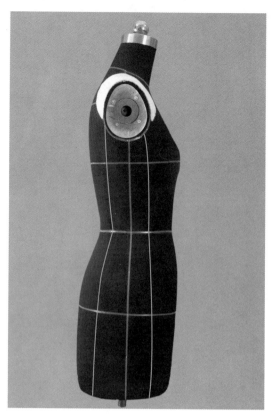

2.看款式图，贴出三开身开刀线。前片上端由转折向侧中3厘米左右，后片由转折向侧中1厘米处为起点，然后顺沿到腰部至臀部都是弧线。

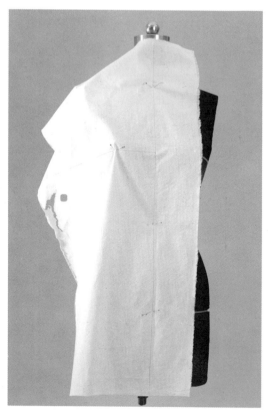

3.前片。布样的前中线、胸围线与人台上的前中线、胸围线对齐，前中留出10厘米余份，在前颈点插两针顺沿腰部到臀部固定，在BP点插针取0.25×2厘米松量。

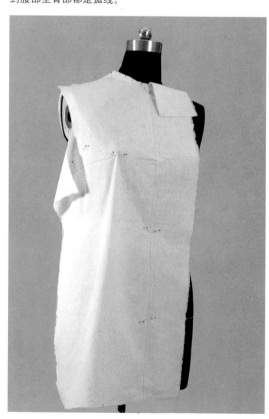

4.撇胸。前中线向右移0.7厘米。确定领宽、肩宽，把领窝、肩部多余剪去，留2厘米余份，在领窝转折处打5个剪口。然后塑造转折面，把一部分造型省转到腰、胸省里用针固定。

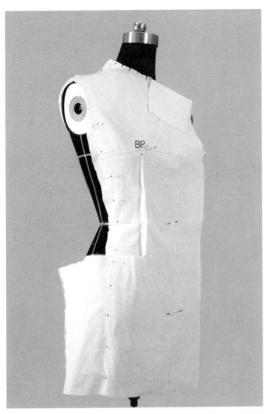

5.六针固定开刀线,抓别BP点下边的腰省,剪开兜口线至腰省为止,然后,再固定下边开口线。在兜口处有余量是正常的。

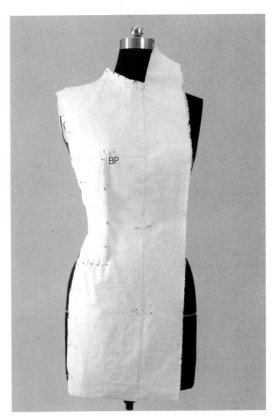

6.剪去开刀线多余毛边,留2~3厘米余份,用大头针缩缝兜口的余量,再把BP点下边腰、胸省多余量剪去,留1厘米余份。

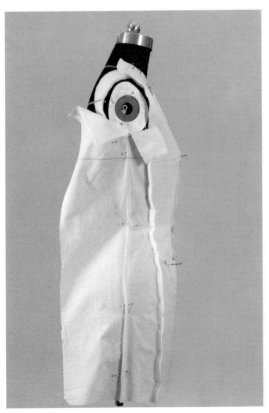

7.侧片,布样的胸围线、侧中线与人台上的胸围线、侧中线对齐,用两针固定在胸围线留0.25×2厘米松量,在臀围线留0.8×2厘米松量。在底摆取1×2厘米松量。从上端打剪口至腋窝。

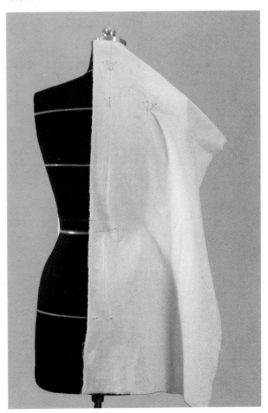

8.后片,布样的后中线、背宽横线与人台上的后中线、背宽横线对齐,在背宽胛骨处取0.3×2厘米松量,并用两针固定。

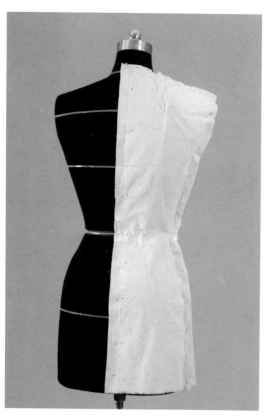

9.确定领宽、领深，固定背宽、肩宽，做后中缝省，保持背宽横线水平，固定后中线开刀线，在臀部有0.5×2厘米松量。

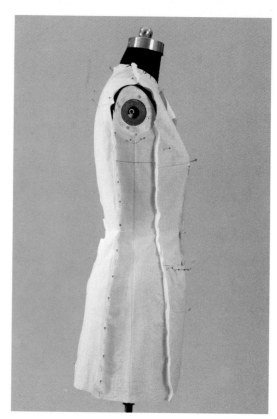

10.抓别肩线，中间有吃势，然后塑造转折面。抓别开刀线，在腰部要拨开0.5厘米左右，剪去领窝、肩线、袖线、开刀线多余毛边，留2厘米余份。

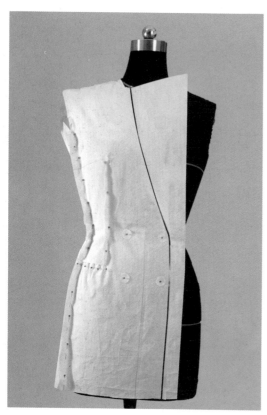

11.由颈侧点沿肩线向外移2.5厘米左右，在腰围线与搭门线交点连翻折线。确定扣位，由翻折点向里取扣子直径为一粒扣，然后，纵向扣距10厘米，横向扣距是前中线到扣中心的2倍。

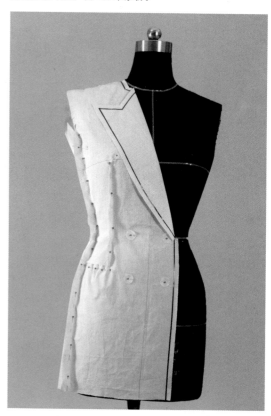

12.确定串口线、驳头宽线，贴出驳头造型，要平整，剪去领口、驳头毛边，留1厘米余份，然后，做腰围线、臀围线、肩线、腰胸省及开刀线的标记。袖窿深点由腋窝向下2.5厘米标注"+"。

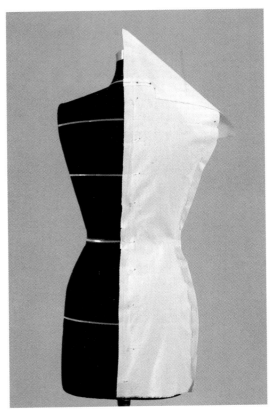

13.领子、布样的后中线、水平线与人台上的后中线、领口线对齐。横别两针，与后中线成直角长2.5厘米左右，然后剪去多余毛边，留1厘米余份。

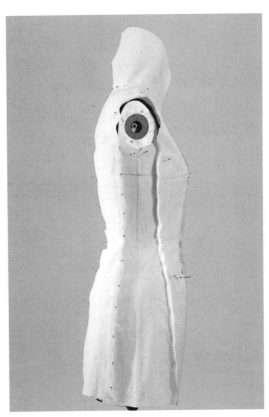

14.领由后向前转折时，要打六个剪口，并拨开0.3~0.5厘米。领与脖颈之间要有1厘米松量，满足穿着人体的舒适感。

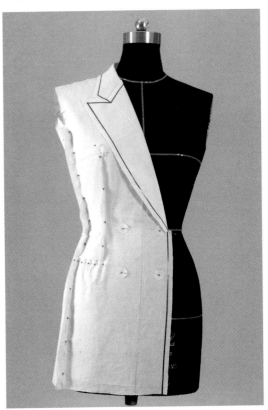

15.确定领座、领面宽度，宽度适中，领面比领座要宽出0.5~1厘米。确定上领角宽，然后贴出外领口弧线，剪去多余毛边，留1厘米余份。

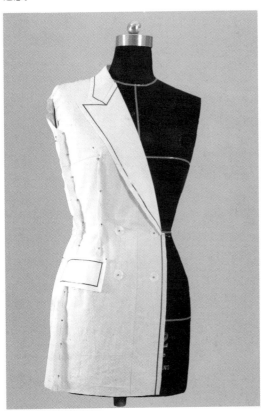

16.确定兜盖的位置，由腰胸省向前1.5~2厘米为前起点，再向侧取13厘米为兜盖长，宽度适中，贴出兜盖造型，剪去多余毛边，留1厘米余份。

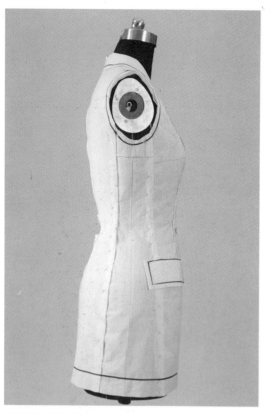

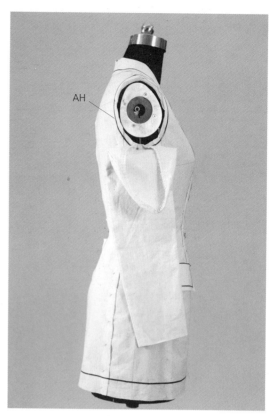

17.假缝，按照轮廓线折别或暗缝，注意缝合时针距均匀、顺畅、平整。贴出底摆轮廓线，从BP点向下与水平线相交开始上翘至侧中。

18.贴出袖窿弧线，确定袖山高，把二分之一AH五等分，取五分之四为袖山高，根据前后袖窿弧线长确定袖肥，平面画出两片袖。

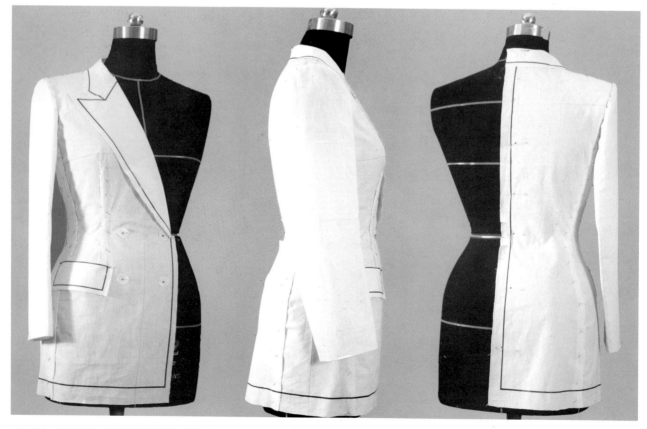

19.绱袖，袖山弧线与袖窿弧线按照第一针、第二针、第三针合印，先固定好绱袖位置。然后按照第四针、第五针合印别上，袖与身相连，用藏针别针，正面造型，转折面分明，富有立体美。侧面造型，袖子弯度与人体胳膊弯度一致，袖山圆顺、饱满。后面造型，袖山吃势合适，转折面分明，松量合适，整体造型平衡、美观。

● 双排扣女西服上衣平面展开布样

标点、描线，平面整理布样、对应剪修，将所标记点连直线或弧线，然后修剪缝份，再画出完整的前片布样和后片布样及袖片、领片兜盖布样。

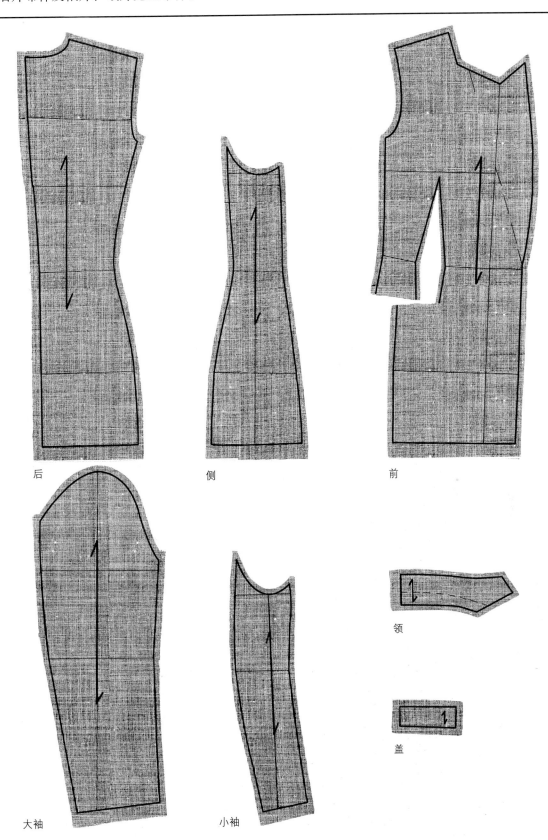

后　　　　侧　　　　前

大袖　　　　小袖　　　　领

盖

● 双排扣女西服上衣原型法制图

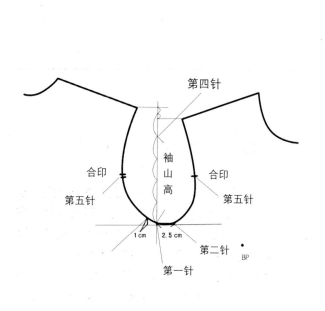

第四针

第五针　合印　　袖山高　　合印　第五针

1 cm　2.5 cm

第二针

第一针

BP

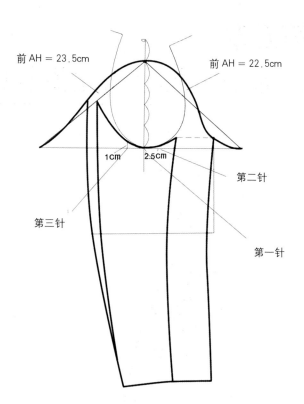

前 AH = 23.5cm　　　　　　前 AH = 22.5cm

1cm　2.5cm

第三针

第二针

第一针

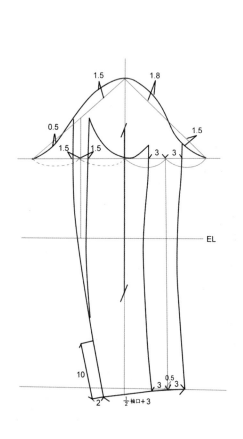

1.5　1.8

0.5

1.5　1.5

1.5

3　3

EL

10

2　3　0.5　3

½袖口+3

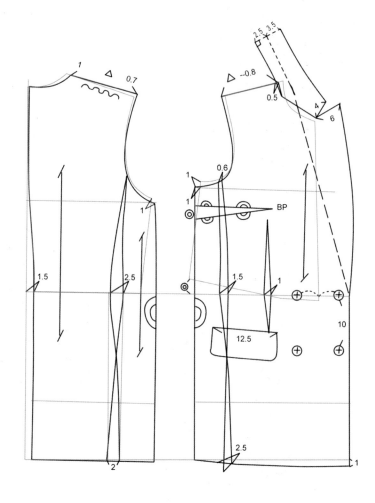

1　△　0.7

△　−0.8

2.5　3.5

0.5

4

6

1　0.6

1

BP

1.5

2.5

1.5　1

12.5

10

1.5

2

2.5

1

第五章
直形公主线上衣立体制作

● **迪奥大师作品解析**

克里斯门·迪奥（Dior）——温柔的独裁者，在1947年推出自己所谓"卡罗尔系列"时装设计，震动了整个时装界。评论家卡麦尔·斯诺说他设计的这套系列服装是"新面貌"。对于新面貌和迪奥设计的意义，斯诺曾经说："迪奥挽救了巴黎，由于有了迪奥的设计，在战争期间不断衰退的巴黎时装业才重新振作起来，开始新的发展。"他的设计主要追求服装轮廓线的设计表达，如柔软的线条、斜肩，滚圆的臀部，极为狭窄的腰部。新面貌设计影响世界时装潮流十年之久不衰。例如这件直形公主线上衣，它的特点是四片构成，从胸部至腰部成自然柔和的曲线，底摆局部波浪，富有朝气，轮廓简洁、明朗，呈喇叭形。

示意图

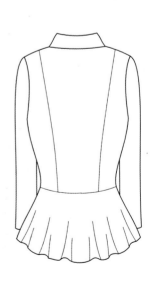

效果图

直形公主线上衣用料图

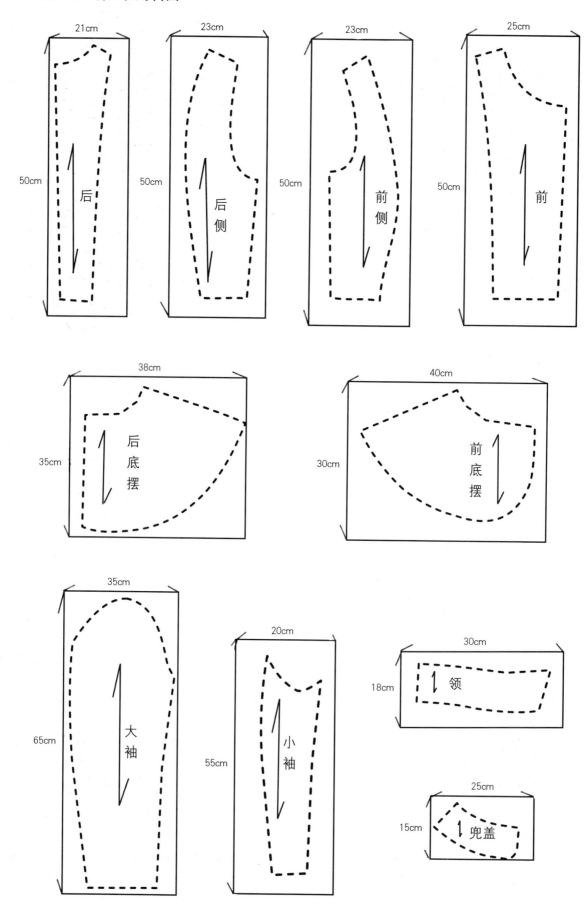

21cm 50cm 后

23cm 50cm 后侧

23cm 50cm 前侧

25cm 50cm 前

38cm 35cm 后底摆

40cm 30cm 前底摆

35cm 65cm 大袖

20cm 55cm 小袖

30cm 18cm 领

25cm 15cm 兜盖

直形公主线上衣制作步骤

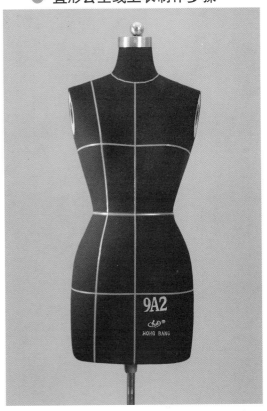

1.看款式图，贴出直形公主线，前片上端离颈侧点5厘米左右，通过BP点顺延到腰部至臀部都是倾斜的。

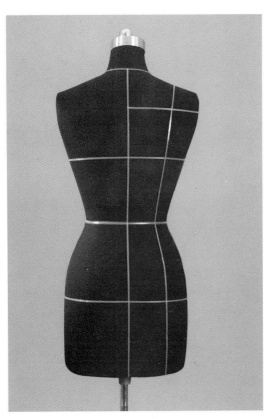

2.后面，上端与前面公主线上端对齐，通过背肩胛骨顺延到腰部至臀部都是倾斜的。

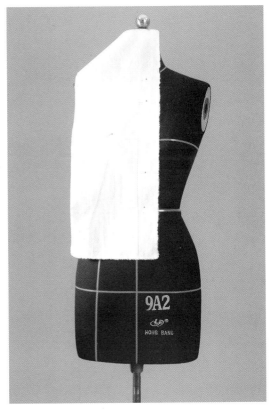

3.前片，布样的前中线、胸围线与人台的胸围线对齐，前中向右留出5厘米，然后，在前中线上和BP点用针固定。

4.固定领宽、领深，7点固定公主线，剪去领口、肩线、公主线多余毛边，留2~3厘米，然后在腰部打两个剪口。

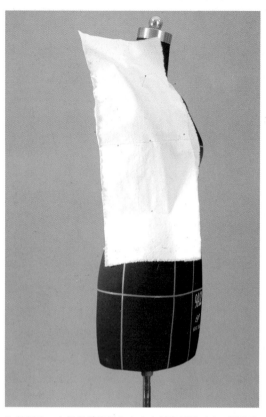

5.前侧片，布样的胸围线与人台上的胸围线对齐，塑造转折面，在转折处留出松量并固定。

6.固定肩点，5针固定侧中线，在腰部剪3个剪口，然后抓别公主线留0.25×2厘米的松量，把多余毛边剪去，留2～3厘米。

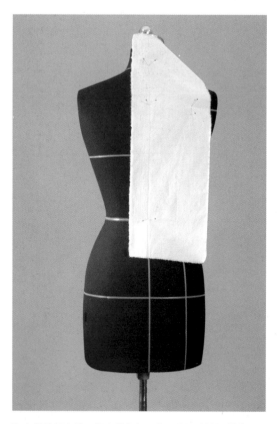

7.布样的后中线、背宽横线与人台上的后中线、背宽横线对齐，在后中留3厘米。然后，在后中线上背肩胛骨处分别用两针固定。

8.固定领宽、领深，然后6针固定公主线，剪去领口、肩线、公主线多余毛边，留2～3厘米，在腰部打两个剪口。

9.后侧面，布样背宽横线与人台上的背宽横线对齐，塑造转折面，在转折处留松量，在腰部转折处打两个剪口。

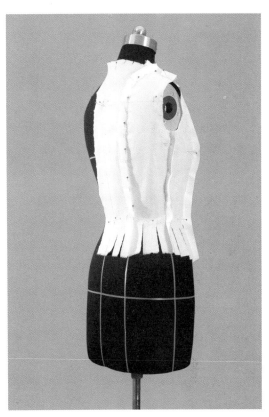

10.固定肩点，5针固定侧中线，然后再抓别公主线留0.25×2厘米的松量，把肩线、公主线多余毛边剪去，留2~3厘米。

11.抓别侧中线，留0.25×2厘米的松量，剪去侧中线、腰围线多余毛边，然后标出前后领口线、肩线、公主线、腰围线，袖窿深点由腋窝向下2.5厘米。

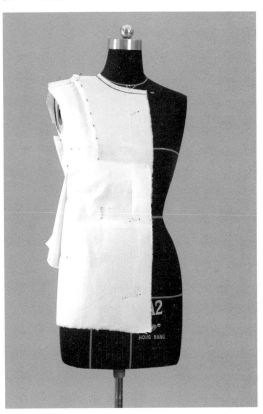

12.前底摆，布样的前中线、腰围线与人台上前中线、腰围线对齐，并用针固定。

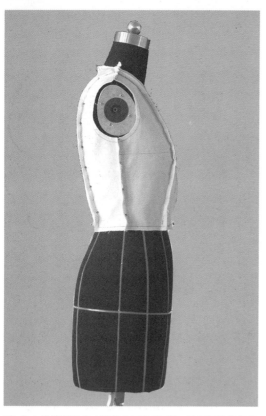

13.公主线袖窿深点由腋窝向下2.5厘米,然后用铅笔标注领口线、腰围线、公主线、侧中线、肩线及袖窿深点。

14.用铅笔标注后中线、领口线、腰围线、公主线、侧中线、肩线。

15.横别两针,剪去多余的毛边。取前底摆波浪的位置,在公主线下方打剪口,出现第一个波浪。在公主线到侧中线的二分之一处打剪口,出现第二个波浪。

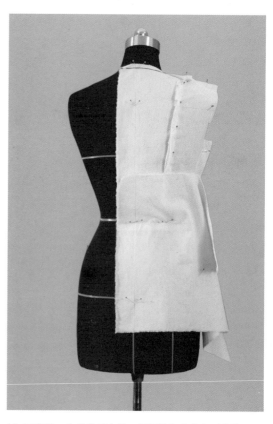

16.后底摆,布样的后中线、腰围线与人台上后中线、腰末线对齐,固定两针。

17.取后片底摆波浪的位置,在公主线下方打剪口,出现第一个波浪。在公主线到侧中线的二分之一处打剪口,出现第二个波浪。

18.抓别侧中线,在侧中打剪口出现第三个波浪,贴出底摆轮廓线,剪去多余毛边。用铅笔标注前后腰围线、侧中线、波浪合印。

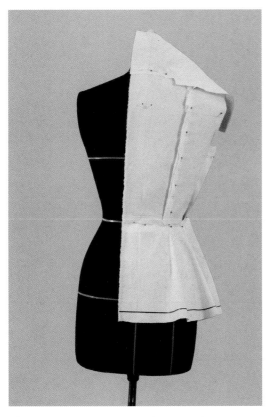

19.领子,布样的后中线、水平线与人台上的后中线、领口线对齐,横别两针,与后中线成直角,长2.5厘米,然后剪去多余毛边,留2厘米。在领窝转折处打剪口,并拨开0.3~0.5厘米。

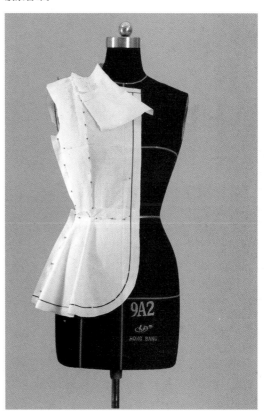

20.确定领座、领面的宽度,并翻折过来,领高适中,在转折处打剪口,领座一直到前中也没有消失,始终保留一部分领座。

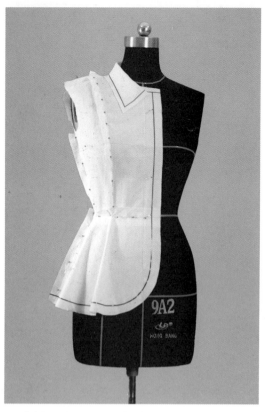

21.贴出领子造型,领子与脖颈有一定空间,保留一定穿着
舒适的松量。

22.确定兜盖的位置,由公主线向前2厘米至侧中为兜口
长,兜盖宽适中。

23.假缝后,确定扣子的位置,上下两粒扣的中心分别距前
领窝、腰围线是扣子的直径,然后四等分,确定五粒扣。

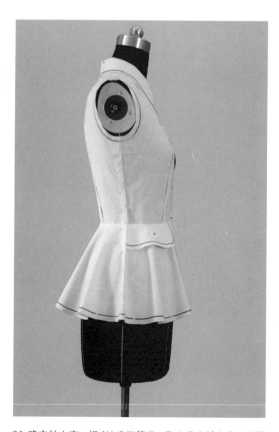

24.确定袖山高,把AH/2五等分,取4/5为袖山高。根据
前后AH确定袖肥,做出两片袖。与第四章双排扣女西服确
定袖山高方法相同。

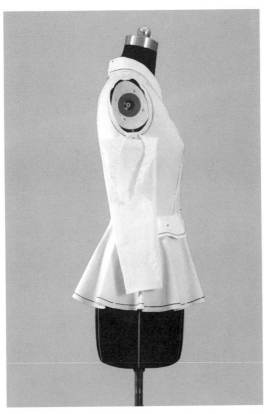

25.绱袖，袖山弧线与袖窿弧线按照第一针、第二针、第三针合印，先固定好绱袖的位置。

26.按照第四针、第五针合印别上，用长针将袖子与身相连。正面看整体造型，袖子贴体，袖山圆顺，造型美观。

27.侧面看，袖子弯度与人体胳膊弯度一致，袖山圆顺，饱满。

28.后面看整体造型，转折分明，袖山圆顺，饱满。

● 直形公主线上衣平面展开布样

　　标点、描线，平面整理布样、对应剪修，将所标记点连直线或弧线，然后修剪缝份，再画出完整的前片布样和后片布样及袖片、领片、兜盖布样。

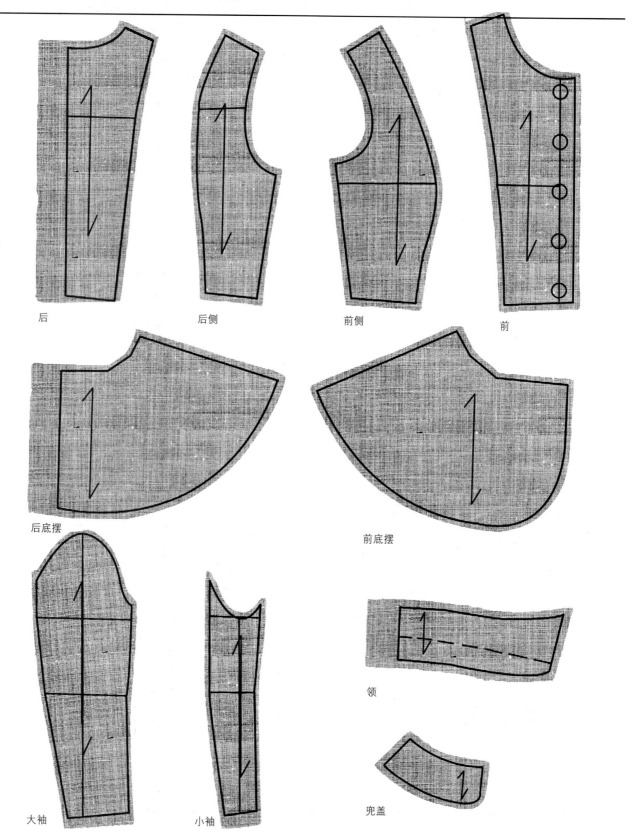

后　　　　　　后侧　　　　　　前侧　　　　　　前

后底摆　　　　　　　　　　　前底摆

大袖　　　　　小袖　　　　　领

　　　　　　兜盖

直形公主线上衣原型法制图

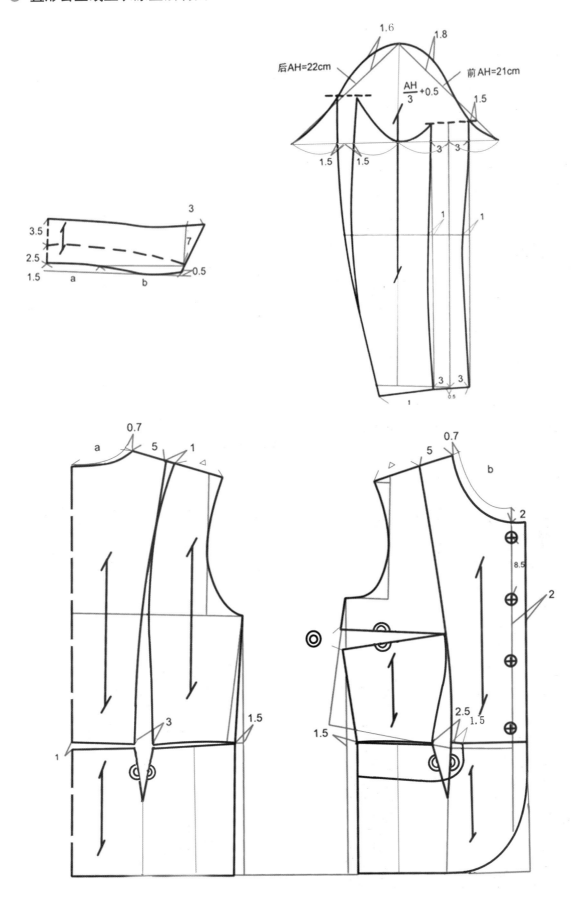

第六章
紧身吊带小衫套裙立体制作

● 阿扎丁·阿莱亚大师作品解析

　　阿扎丁·阿莱亚（AZZedine Alaia）是突尼西亚人，其貌不扬，但具有服装设计的天才。

　　阿莱亚的主要设计方向是紧身、突出女性身体的所有轮廓部分，当时主要是由于健身操的流行，健身服成为时尚。而健身服采用一种叫"赖克拉"的松紧弹性面料，一时间这种面料成为当时非常流行的材料，它紧紧包裹身体，显示了身体凹凸和线条，穿这种材料的女性的身体细节暴露无遗，阿莱亚被称为"赖克拉"之王。他运用这种面料来设计服装，体现女性的躯体之美。例如这件紧身吊带小衫套裙，它的特点是八片构成，整体用开刀线加以强调胸部、腰部造型，与下身斜裙两者组合，上紧下松，自然流畅，轻盈欢快，散发出一种十分动人的吸引力。

效果图

示意图

● 紧身吊带小衫套裙用料图

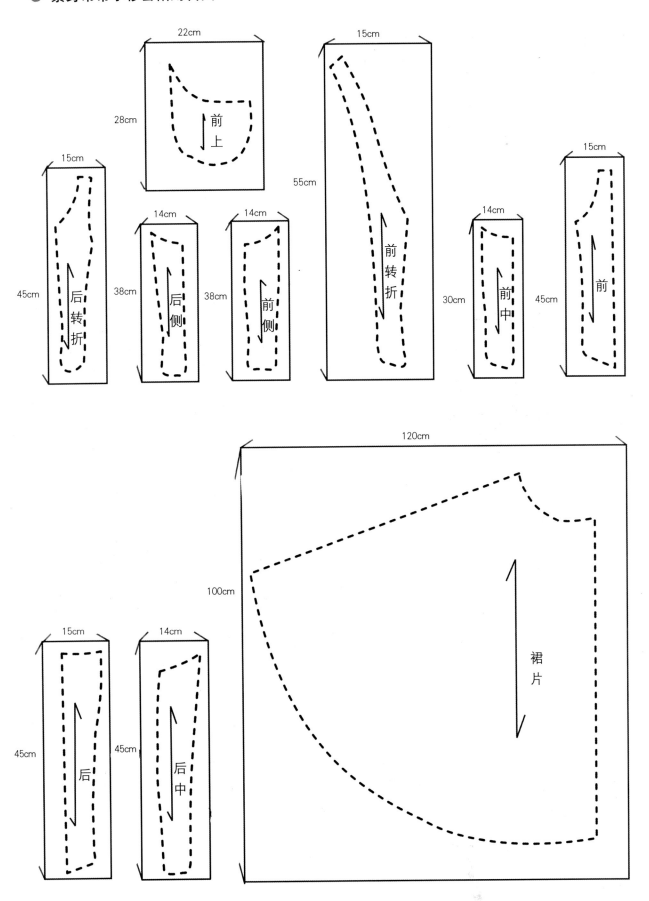

22cm
28cm
前上

15cm
45cm
后转折

14cm
38cm
后侧

14cm
38cm
前侧

15cm
55cm
前转折

14cm
30cm
前中

15cm
45cm
前

120cm
100cm
裙片

15cm
45cm
后

14cm
45cm
后中

● 紧身吊带小衫套裙制作步骤

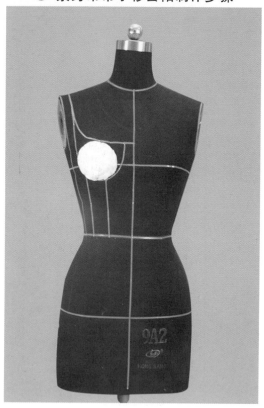

1.看款式图,用胶带贴出前片的开刀线,为了更好地突出胸部造型,需要把胸垫先固定在人台胸乳部。

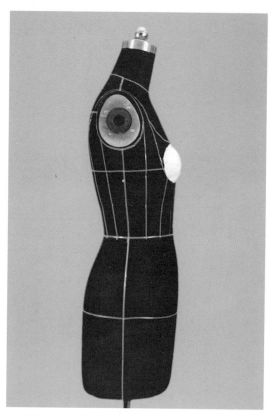

2.看款式图,用胶带贴出侧片开刀线,要求顺畅,上宽下窄。

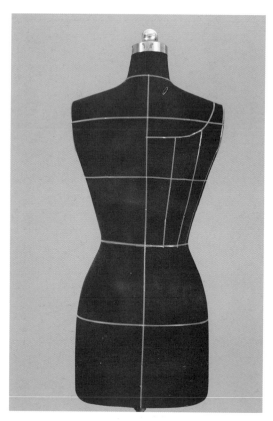

3.看款式图,用胶带贴出后片开刀线、领口线,要求领口线要圆顺,开刀线要顺畅。

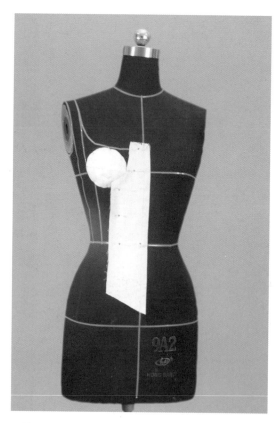

4.前片、布样的前中线、胸围线与人台上的前中线、胸围线对齐。在领口深点和开刀线位置固定,再剪去多余毛边,留2厘米余份。

5.把前片、另一小片与前中片抓别上,稍留松量,并在开刀线上固定,剪去多余毛边,留2厘米余份。

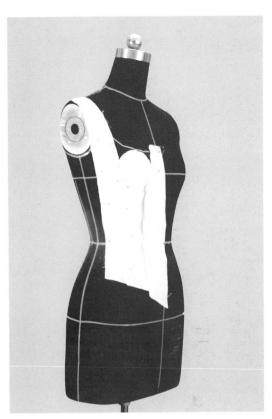

6.前转折片,将布料的胸围线与人台的胸围线对齐,在肩部和开刀线上固定,再与前小片抓别上,稍留点松量,剪去多余毛边,留2厘米余份。

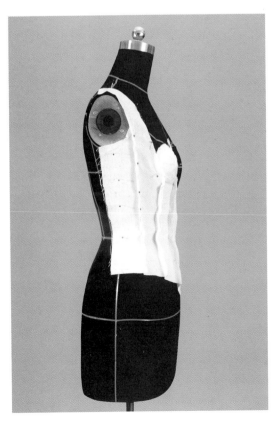

7.前侧片,将布样的胸围线与人台上的胸围线对齐,在侧中线固定,再与前转折片抓别上,稍微留松量,剪去多余毛边,留2厘米余份。

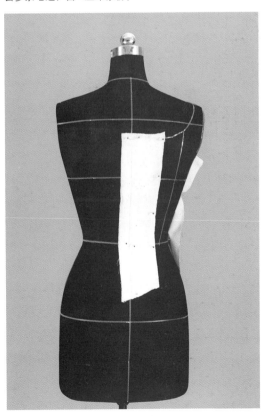

8.后片,布样的后中线、胸围线与人台上的后中线、胸围线对齐,然后在后中线、开刀线上用针固定。

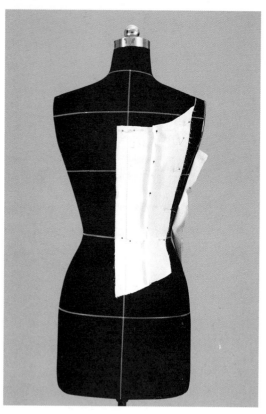

9.后中片，布样的胸围线与人台上的胸围线对齐，在开刀线上固定，将两片抓别，稍留点松量，剪去多余毛边，留2厘米余份。

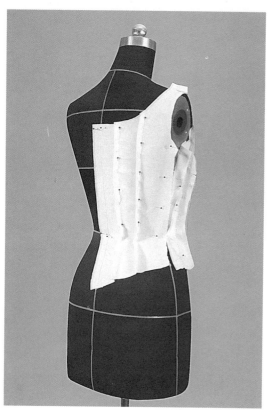

10.后转折片，将布样的胸围线与人台的胸围线对齐，在开刀线上四针固定，再抓别两片的开刀线和前后肩线，稍留点松量，剪去多余的毛边，留2厘米余份。

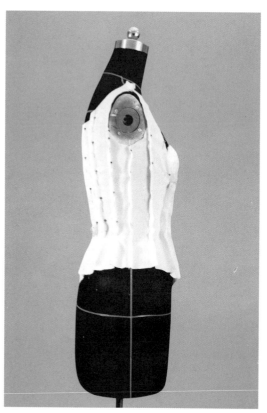

11.后侧片，布样的胸围线与人台上的胸围线对齐，在侧中线上固定，先抓别两片的开刀线，稍留点松量，再剪去多余的毛边，留2厘米余份。

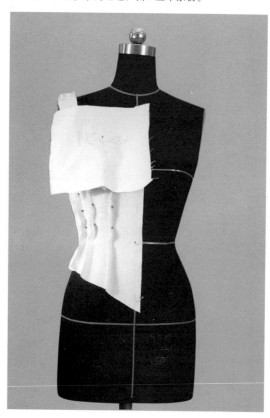

12.前中胸部造型，布样的前中线与人台上的前中线对齐，用针在领口线上固定。

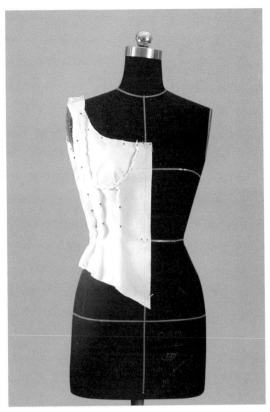

13.前上片与下半部抓别,针距顺畅,稍留松量,剪去多余毛边,留1厘米余份。

14.裙片,布样的前中线与人台上的前中线对齐,前中留5厘米余份,腰围以上留20厘米余份,横别两针,剪去多余面料至第一个波浪位置,再纵向打剪口至腰部。

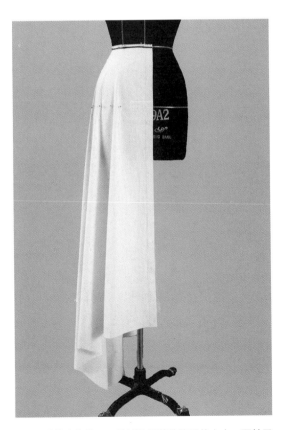

15.一手持布旋转,一手辅助调整波浪量的大小,两针固定,得到造型清晰流畅的波浪,剪去腰部多余面料,留2厘米余份。

16.塑造侧中三个波浪,将布料继续向下旋转,设置三个波浪位置,波浪大小与前片波浪要呼应,分别用两针固定,剪去腰部多余面料,在波浪对应的腰部打纵向剪口。

17.塑造后中波浪，把布料继续向下旋转，调整波浪大小，前后呼应，然后用针固定。

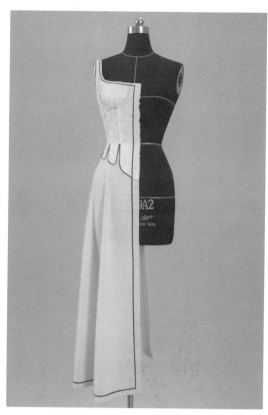

18.完成前后裙片波浪的设置，将假缝缝好的吊带小衫穿在人台上，然后用胶带贴出领口线，衣摆线、裙摆线要水平。

19.完成后的侧面立体造型。用胶带贴袖窿弧线，袖窿深点由腋窝向下1.5厘米，侧面整体看上紧下松，波浪均匀自然。

20.完成后的后面造型。后中线与地面垂直，底摆波浪均匀、自然。

● 紧身吊带小衫套裙平面展开布样

标点、描线，平面整理布样、对应剪修，将所标记点连直线或弧线，然后修剪缝份，再画出完整的前片布样、后片布样及裙片布样。

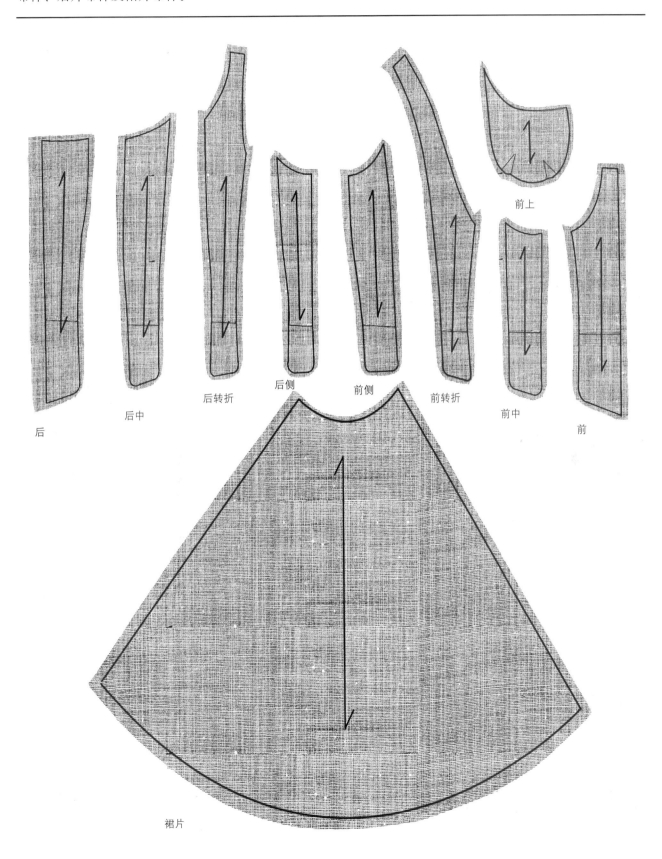

前上

后转折　　后侧　　前侧　　前转折

后　　后中　　　　　　　　　　　　　　　　前中　　前

裙片

● 紧身吊带小衫套裙原型法制图

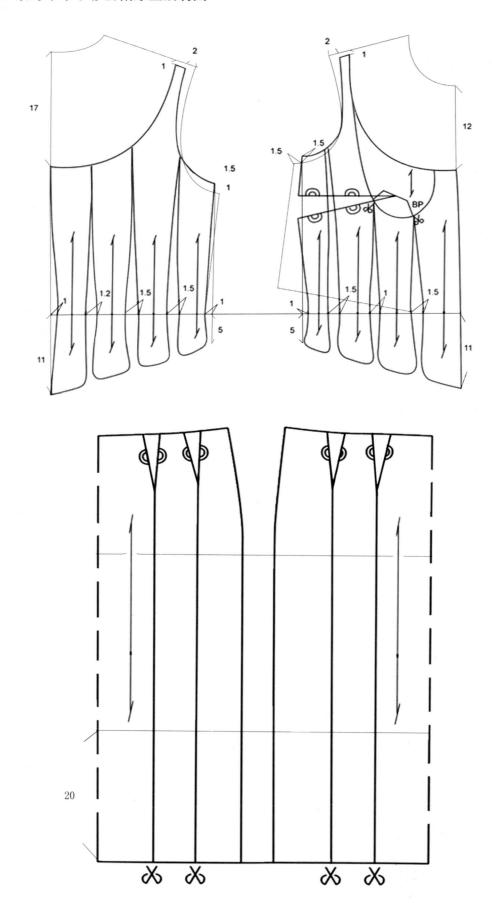

第七章
大荷叶领上衣立体制作

效果图

● 查尔斯·詹姆斯大师作品解析

　　查尔斯·詹姆斯（Charkes James）是英国著名时装大师，常被称为"时装塑造家"。因为他设计的服装大多具有雕塑的形式感，特别喜欢采用有戏剧性的效果图的面料，如罗缎、贡缎、天鹅绒等。例如这件大荷叶领上衣，它的特点是三片构成，着重强调肩部、领子造型。其优雅的"X"造型，饱满而朴素，蓬松的大荷叶领上下对比，呈现修长苗条的错觉，优美的曲线表现了女性之美，赋予女性青春活力，使造型与功能完美结合。

示意图

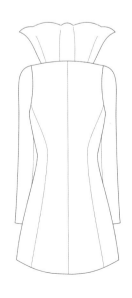

● 大荷叶领上衣用料图

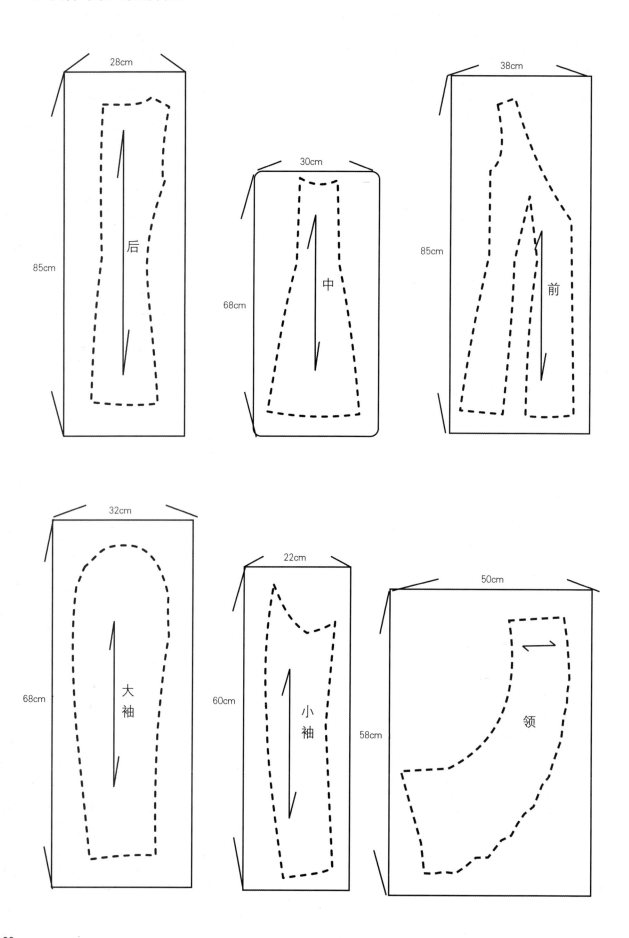

28cm

85cm

后

30cm

68cm

中

38cm

85cm

前

32cm

68cm

大袖

22cm

60cm

小袖

50cm

58cm

领

● 大荷叶领上衣制作步骤

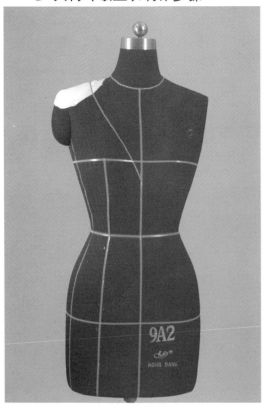

1.看款式图,贴出省道线,随着人体曲度由BP点向下贴出,由颈侧向左移5厘米与胸围线和前中线交点向下5厘米,贴出领口线。

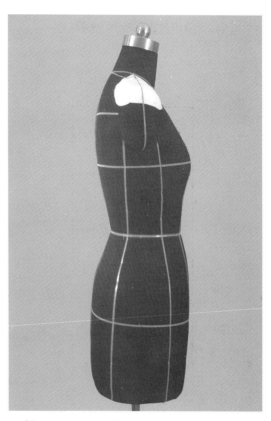

2.贴出三开身开刀线,前片上端由转折处向侧中3厘米左右。顺延到腰部至臀部都是弧线,臀围线以下是直线。

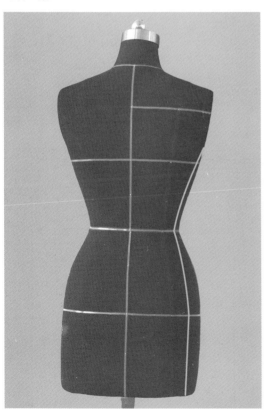

3.后片,由后片的转折处向侧中移1厘米为起点,然后顺延到腰部,至臀部都是弧线。垫肩,把垫肩对折取中点,再与肩宽点对齐,向外探出正好包住肩部,然绿,贴出肩线。

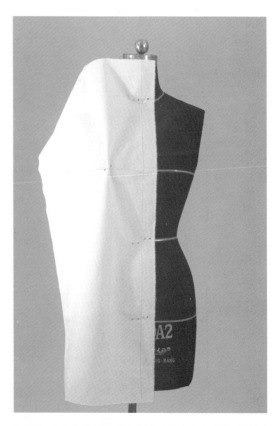

4.前片,布样的前中线、胸围线与人台上的前中线、胸围线对齐,前中留出5厘米的余份,在颈点插两针,顺延到腰部及臀部固定,在BP点插针取0.25×2厘米松量。

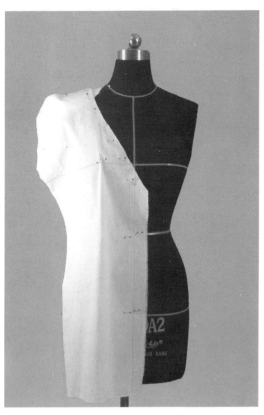

5.确定领宽、领深,按人台上的领口线插针,确定肩点,剪去领口、肩部多余毛边,留2厘米余份。

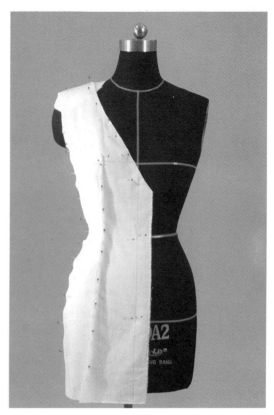

6.塑造转折面,要留松量,然后把胸部造型省的一部分转移到BP点下面省道里,一部分放松到袖隆里,抓到省道,剪去开刀线及省道多余毛边,留2~3厘米余份。

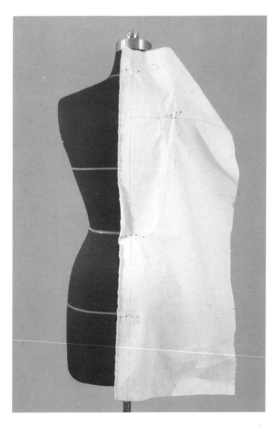

7.后片,布样的后中线、背宽横线与人台上的后中线、背宽横线对齐,在后颈点、腰部、臀部分别用两针固定,然后在背肩胛骨处取0.3×2厘米松量,并用两针固定。

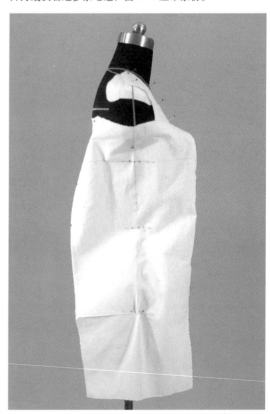

8.侧片,布样的侧中线、胸围线与人台上的侧中线、胸围线对齐,然后用两针固定,在胸围线留出0.25×2厘米松量,在臀围线留出1×2厘米松量,腰围线不留松量。

9.在上端打剪口至腋窝,然后抓别前中与前侧的开刀线,在腰部拔开0.5厘米左右,再把多余的毛边剪去,留2厘米余份。

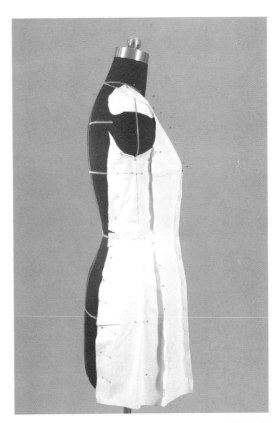

10.在后侧开刀线的腰部打3个剪口并固定,然后剪去多余毛边,留3厘米余份。

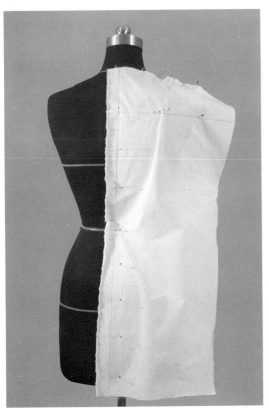

11. 确定领宽、领深,固定背宽、肩宽,做后中缝省,保持背宽横线水平,固定后中线、开刀线。

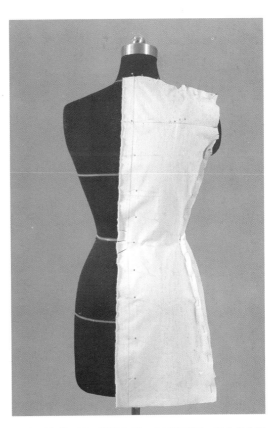

12.抓别肩线,开刀线留0.25×2厘米松量,剪去多余领口、肩线、开刀线的毛边,留2厘米余份,然后做标记。

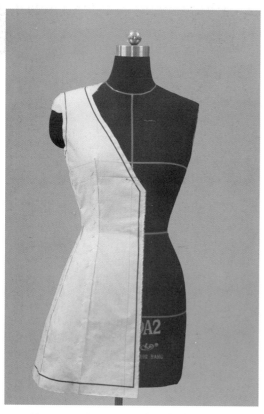

13.用斜别针假缝,针距均匀、顺畅,保留松量,整理平服,然后用胶带贴出领口线、前中线、底摆线,留1厘米缝份,底摆留3厘米折边。

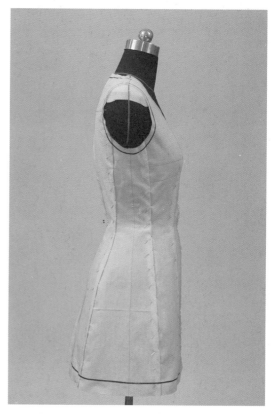

14.用胶带贴出袖窿弧线,袖窿深点由腋窝向下2.5厘米,然后,留1厘米缝份。

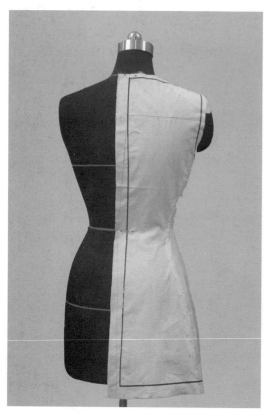

15.在后中打3个剪口,然后用胶带贴出后中线。

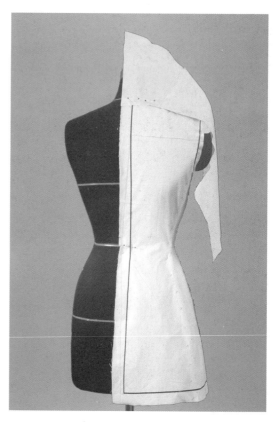

16.领子、布样的后中线、水平线与人台上的后中线、领口线对齐,然后横别两针。

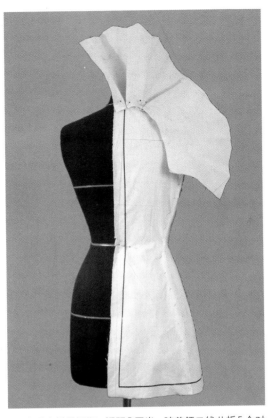

17.在后中折叠褶裥,褶距5厘米,随着领口线共折5个对
褶,边折边插针固定。暗褶8厘米,明褶5厘米。

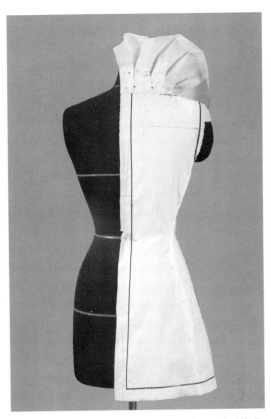

18.在领座3厘米处横别两针,使荷叶大领挺立,造型美观。

19.绱袖,袖山高与前面讲过的双排扣女西服确定袖山高的
方法相同。然后切展袖山加褶量,袖山弧线与袖窿弧线按
照第一针、第二针、第三针合印,先固定好绱袖位置。

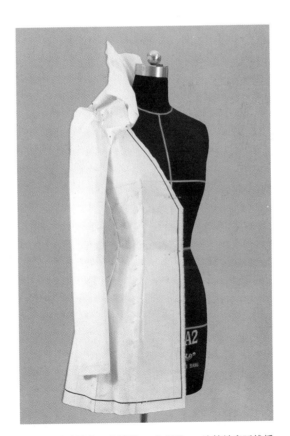

20.折叠前片袖山三个褶裥,一边折叠,一边按袖窿弧线插
针或别针,要保证袖山饱满,圆顺美观。

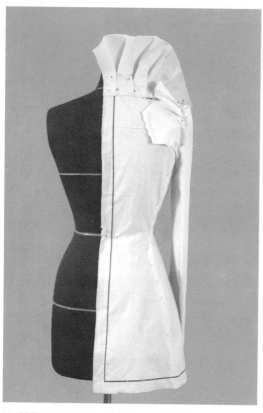

21.折叠后片袖山褶,一边折叠,一边按袖窿弧线插针或别针,保持褶裥的宽度,褶裥数为3个,褶裥量视款式而定。

22.观察侧面袖山造型,要求褶裥自然齐整,袖子贴体。

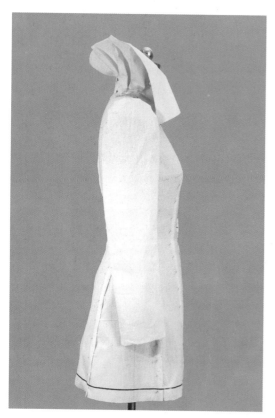

23.剪去袖山弧多余毛边,留2厘米余份,成型荷叶领上衣侧面造型,袖山圆顺、美观、饱满。领子波浪自然舒展。

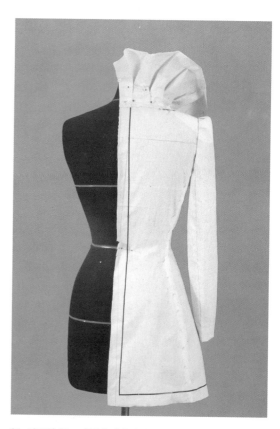

24.后面造型,成型荷叶领上衣后片造型,转折面分明,整体收放自然流畅。

● 大荷叶领上衣平面展开布样

　　标点、描线，平面整理布样、对应剪修，将所标记点连直线或弧线，然后修剪缝份，再画出完整的前片布样和后片布样及袖片、领片布样。

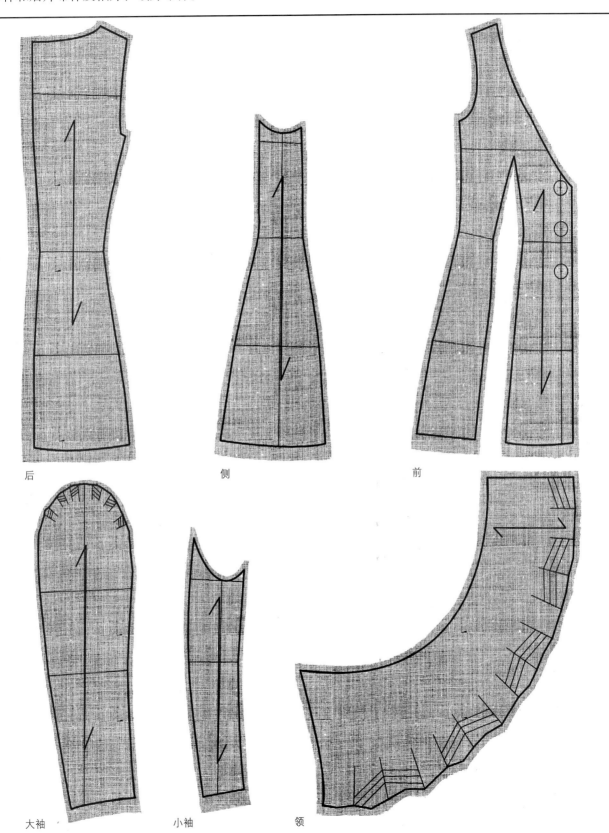

后　　　　　　　　　侧　　　　　　　　　前

大袖　　　　　　　　小袖　　　　　　领

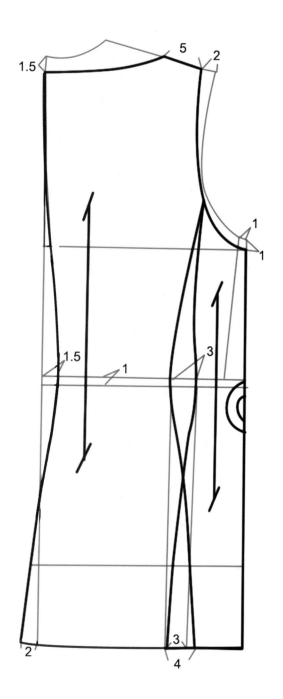
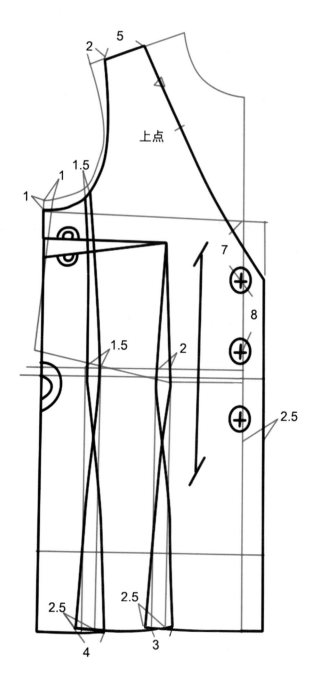

上点

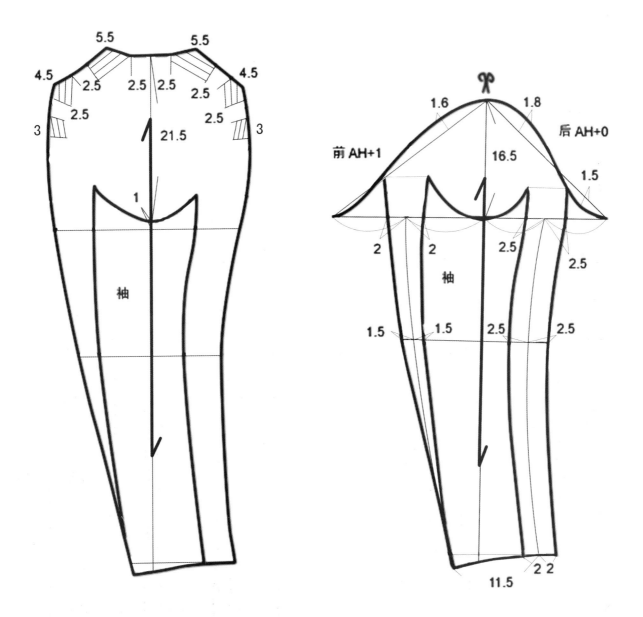

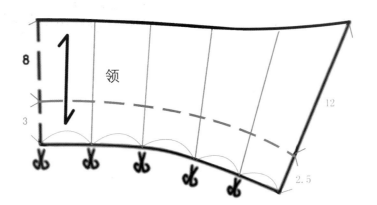

第八章
小披肩式上衣立体制作

● **克里斯托瓦尔·巴伦西亚加大师作品解析**

　　克里斯托瓦尔·巴伦西亚加(Cristobal Balenclaga)是法国著名时装设计大师。他的套装设计大胆,充满了西班牙古典和浪漫主义绘画气氛,形式上独树一帜。他的设计总体感强,又兼具丰富的细节处理,极为精致,强调手工制作。因此他的客户群通常是保持着高格调、高品位,出入于最讲究的场所的女性。例如这件披肩式上衣,它的特点是四片构成,属于收腰变形的短西服,匀称合体,结构稳定,七分袖的运用整体简练大方,与精美流苏的披肩上下结合,体现服装动态美感,使动和静、简洁与丰富有机结合起来。

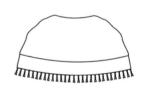

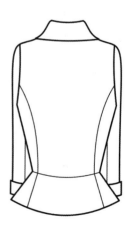

效果图

示意图

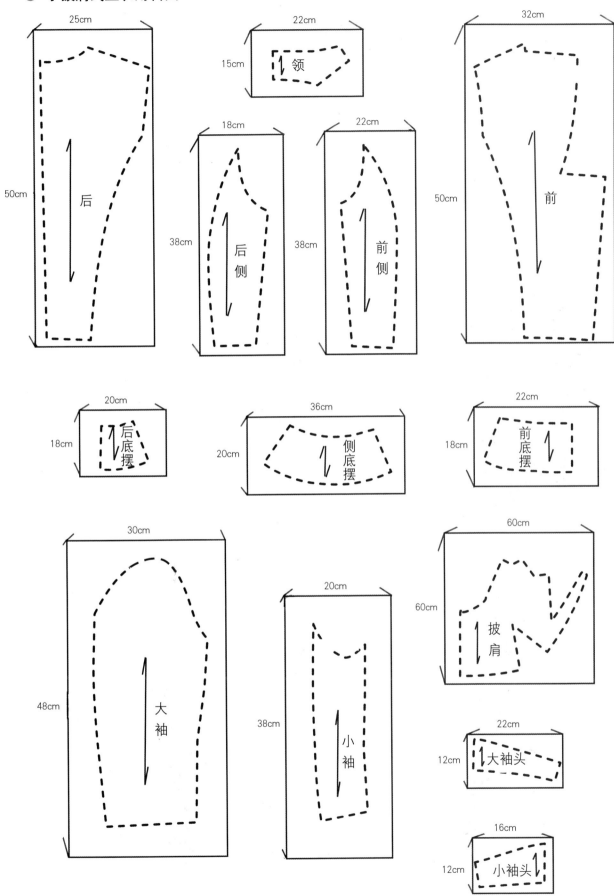

● 小披肩式上衣用料图

25cm
50cm
后

22cm
15cm
领

32cm
50cm
前

18cm
38cm
后侧

22cm
38cm
前侧

20cm
18cm
后底摆

36cm
20cm
侧底摆

22cm
18cm
前底摆

30cm
48cm
大袖

20cm
38cm
小袖

60cm
60cm
披肩

22cm
12cm
大袖头

16cm
12cm
小袖头

77

● 小披肩式上衣制作步骤

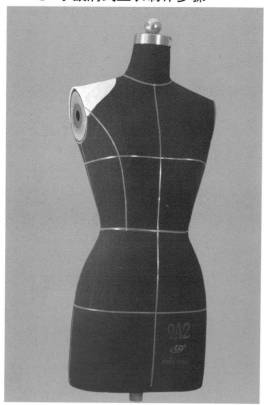

1.看款式图,贴出四开身公主线。前片,上端由袖窿二分之一处,通过BP点顺延至腰围是弧线。

2.后片,上端由袖窿二分之一处顺沿至腰围是弧线,然后装垫肩。把肩垫对折取中点,再向前移1厘米与肩宽点对上,再探出0.8～1厘米固定。

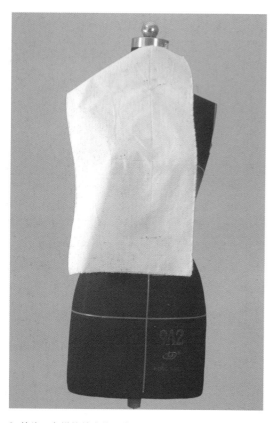

3.前片,布样的前中线、胸围线与人台上的前中线、胸围线对齐,前中留出10厘米余份,在前颈点用两针固定。然后,在BP点插针,在腰围两针固定。

4.确定领宽、领深、肩宽,剪去多余毛边,留2厘米。在领窝打剪口,然后用7针固定弧形公主线,剪去多余毛边,留3厘米,在腰部打3个剪口。

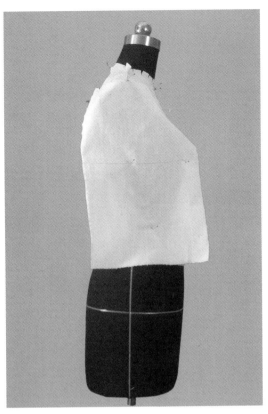

5.前侧片，布样的胸围线与人台上的胸围线对齐。并用三针分别在BP点、侧中、腰部固定。塑造转折面，要留松量。

6.抓别弧形公主线时，在BP点至袖窿打几个剪口，便于抓别。前片与侧片胸围线对齐，剪去公主线、袖窿多余量，留2~3厘米余份。

7.后片，布样的后中线、背宽横线与人台上的后中线、背宽横线对齐，分别后颈点、腰围在背肩胛骨处固定。

8.抓别后片公主线时，在背肩胛骨至袖窿打几个剪口便于抓别，后片与侧片胸围线对齐，剪去公主线、袖窿多余量，留2~3厘米余份。

9.确定领宽、领深，在背肩胛骨处取0.25×2厘米松量，抓别肩线，中间有吃势，再固定公主线，在腰部打3个剪口，剪去多余毛边，留3厘米。

10.后侧片，布样的胸围线与人台上的胸围线对齐，在侧中稍向上0.5厘米属于正常的。然后用两针固定。

11.转折面，在转折处给松量，然后，抓别公主线，侧中在腰部打3个剪口，把多余毛边剪去，留2厘米余份。抓别侧中线，留0.25×2厘米松量，剪去多余毛边，留2厘米余份。

12.做前后公主线、侧中线、肩线、搭门线、腰围线标注，袖隆深点由腋窝向下2.5厘米用"＋"标注。

13.翻折线由颈侧点沿肩线外移2.5厘米左右,与前中线和腰围线交点向8厘米贴出翻折线。

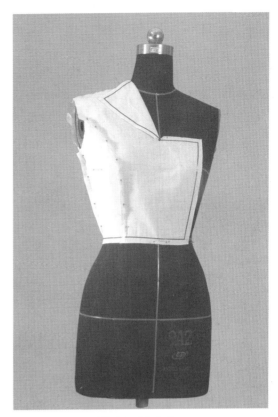

14.看款式图,用胶带贴出驳头造型。

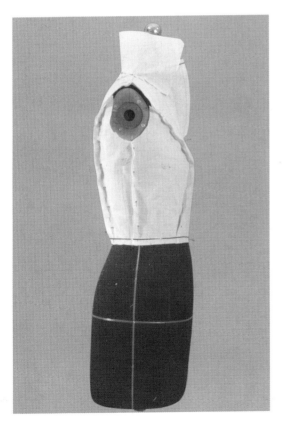

15.领子,布样的后中线、水平线与人台上的后中线、领口线对齐,横别两针,然后由后向前转折打剪口,并拨开0.3~0.5厘米,领与脖颈之间要有1厘米的松量。

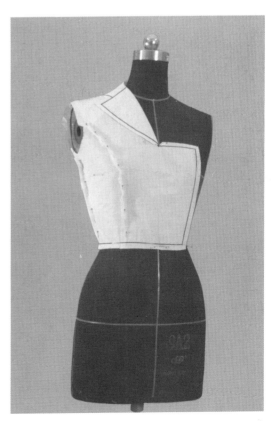

16.确定领座、领面宽度。宽度适中,领面要比领座宽出0.5厘米。然后贴出外领口弧线,剪去多余毛边,留1厘米余份。

17.前底摆，布样的前中线、腰围线与人台上的前中线、腰围线对齐固定，再横别两针，剪去腰围一部分多余毛边，留1厘米余份。

18.后底摆，布样的后中线、腰围线与人台上的后中线、腰围线成对齐固定，再横别两针，剪去腰部一部分多余毛边，留2厘米余份。

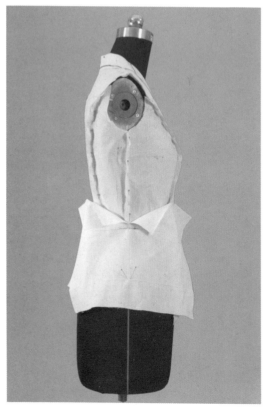

19.侧中底摆，布样的侧中线、腰围线与人台上的侧中线、腰围线对齐固定，横别一针，再由上向下打剪口至腰部。

20.侧中与前后底摆折别，底摆成喇叭形。

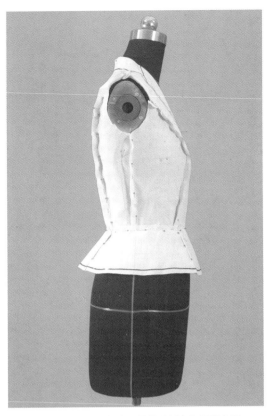

21.贴出底摆轮廓线，标注腰围线及侧中与腰部合印。

22.假缝，按照轮廓线折别或暗缝，注意缝合时，针距均匀、顺畅，整理平服。然后确定扣子位置，扣距7厘米。

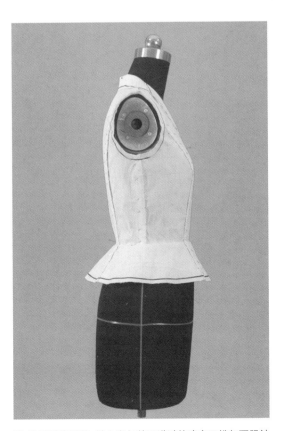

23.贴出袖窿弧线，袖山高与前面讲过的确定双排扣西服袖山高的方法一致。

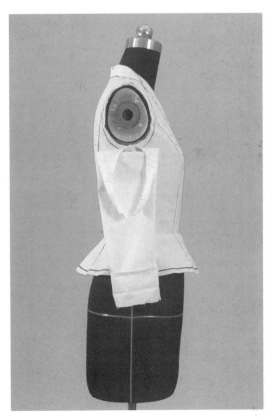

24.绱袖，袖山弧线与袖窿弧线，按照第一针、第二针、第三针合印，先固定好绱袖位置。

25.正面造型，按照第四针、第五针合印，袖子与身用拱针或别针相连，袖山吃势合适，转折面分明。

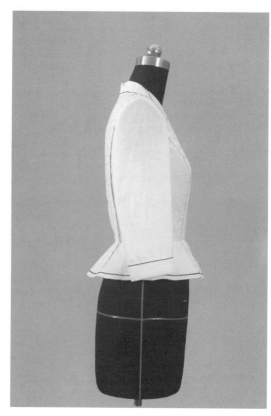

26.侧面造型，袖子弯度与胳膊弯度一致，袖山圆顺、饱满。

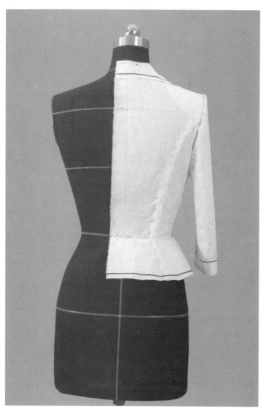

27.后面造型，袖山吃势合适，转折面分明，整体看造型平衡、美观。

28.披肩，布样的后中线、背宽横线与人台上的后中线、背宽横线对齐，后颈点横别两针固定，在背肩胛骨处留0.3×2厘米的松量。

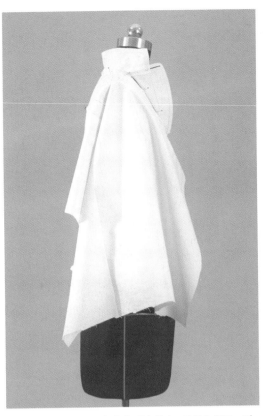

29.按照领口线转折，把多余毛边剪去，毛边与领口一致。

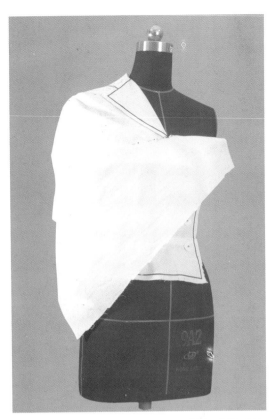

30.做前片两个斜褶，由翻折点向左3厘米做一个褶，再向左3厘米做另一个褶，褶的方向逐渐在肩部消失。

31.把侧中多余量折别进去.省尖对准肩点。

32.再做斜向省，由手臂到翻折点，理顺平整。

33.贴出披肩外轮廓线,剪去多余毛边,留1厘米余份。

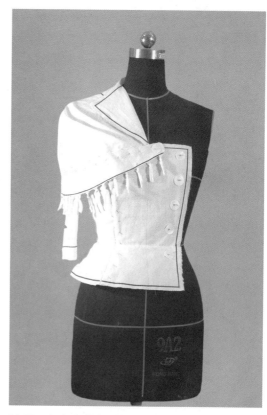

34.正面造型,加披肩流苏长5.5厘米,间距4.5厘米,整体造型富有装饰美感。

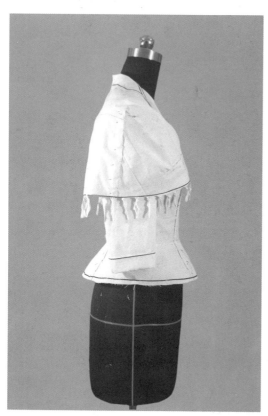

35.侧面造型前后的流苏均衡。

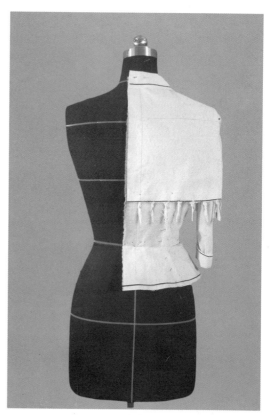

36.后面造型肩部合体、自然,整体造型呈箱形。

● 小披肩式上衣平面展开布样

标点、描线，平面整理布样、对应剪修，将所标记点连直线或弧线，然后修剪缝份，再画出完整的前片布样和后片布样及袖片、领片、披肩等布样。

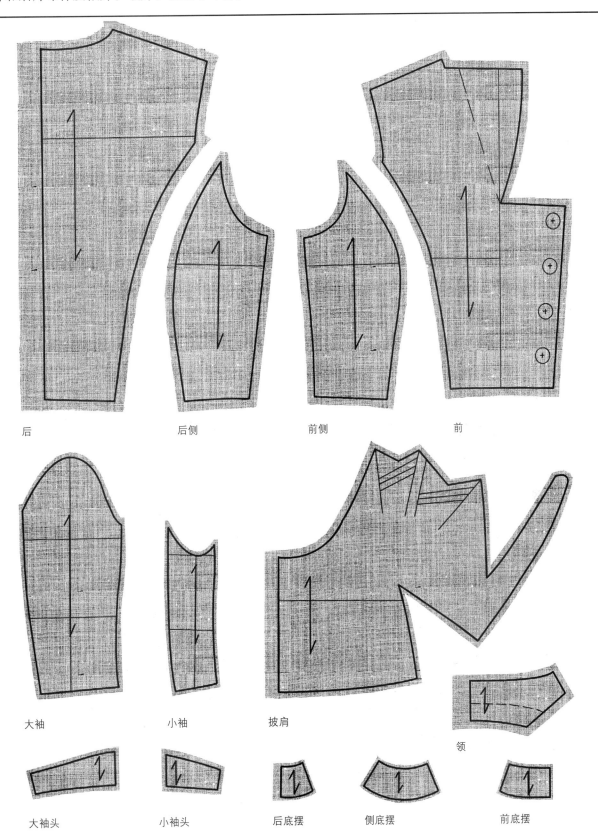

后　　　　　　后侧　　　　　　前侧　　　　　　前

大袖　　　　　　小袖　　　　　　披肩

领

大袖头　　　　小袖头　　　　后底摆　　　侧底摆　　　前底摆

● 小披肩式上衣原型法制图

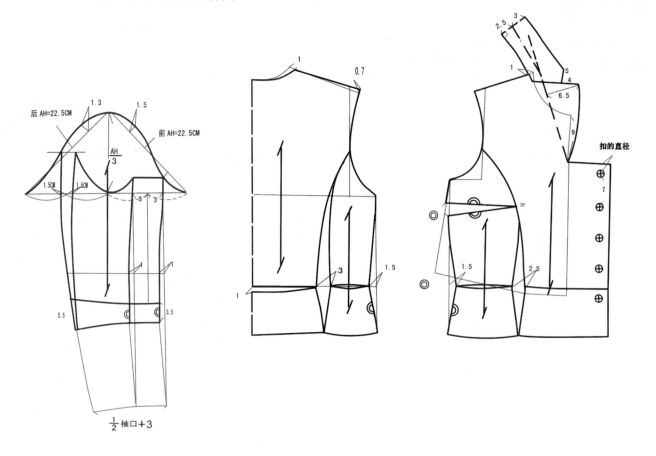

后 AH=22.5CM   1.3   1.5   前 AH=22.5CM

$\dfrac{AH}{3}$

1.5CM   1.5CM   3   3

1   1

5.5   3.5

$\dfrac{1}{2}$ 袖口＋3

1   0.7

1   3   1.5

2.5   3

1   5   4   6.5   9

扣的直径

7   BP   1.5   2.5

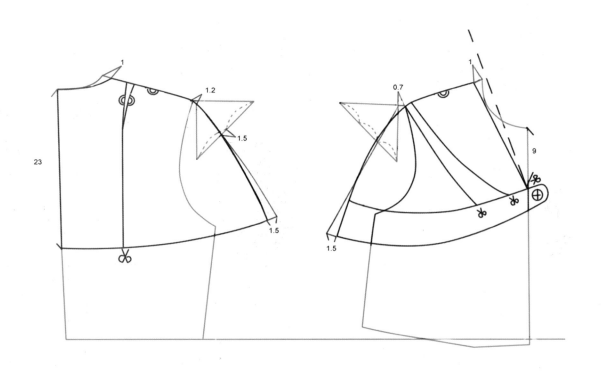

1   1.2   1.5

23   1.5   1.5

1   0.7   9   1.5   1.5

第九章
借肩袖大衣立体制作

效果图

● **查尔斯·詹姆斯大师作品解析**

查尔斯·詹姆斯（Charles James）是英国著名时装大师，一直以华丽的复古风格备受推荐，并以建筑感为特色。贴身的裁剪时装设计的立体效果具有超现实主义风格。例如这件借肩袖大衣，它的特点是由五片构成，使用开刀线加以强调胸部、腰部、臀部造型，使体形自然凸凹部位加以完美的表现，宽敞的大披肩领，平衡整个大衣。整体形式和结构上结合得如此恰如其分。

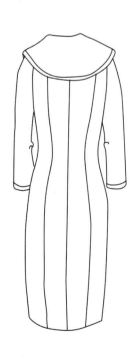

示意图

● 借肩袖大衣用料图（一）

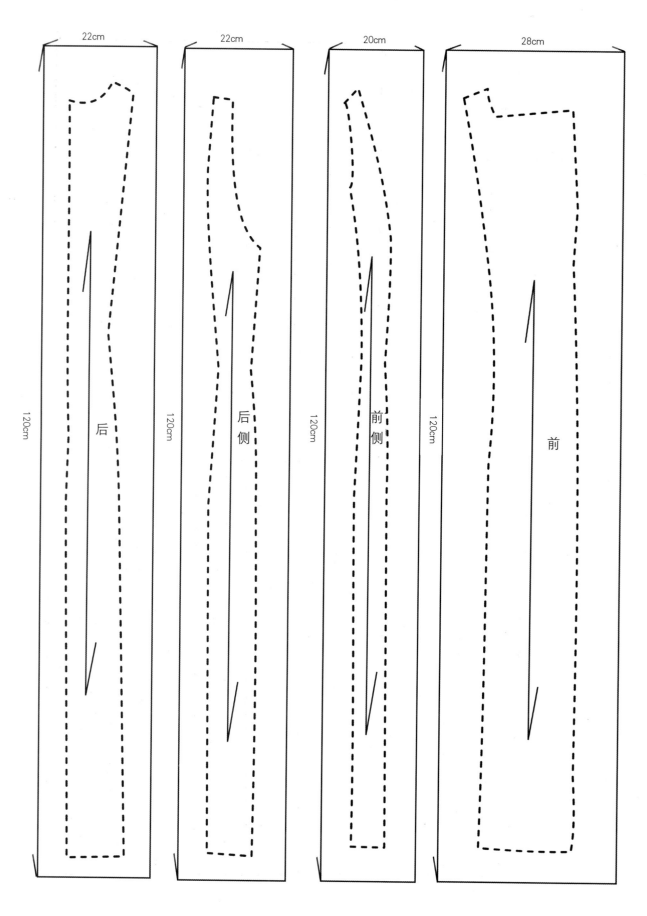

22cm · 120cm · 后

22cm · 120cm · 后侧

20cm · 120cm · 前侧

28cm · 120cm · 前

● 借肩袖大衣用料图（二）

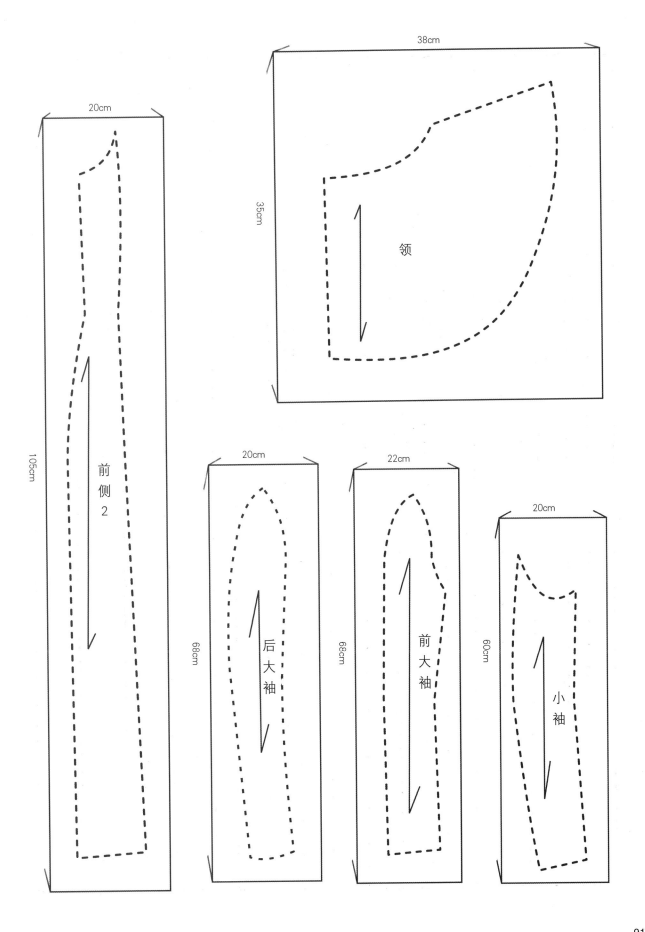

38cm

35cm

领

20cm

105cm

前侧2

20cm

68cm

后大袖

22cm

68cm

前大袖

20cm

60cm

小袖

● 借肩袖大衣制作步骤

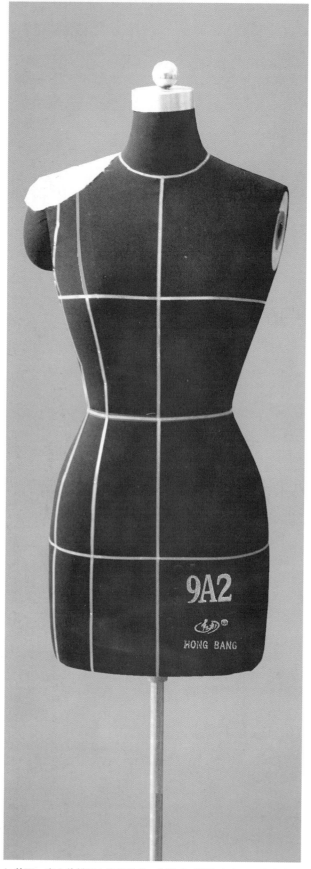

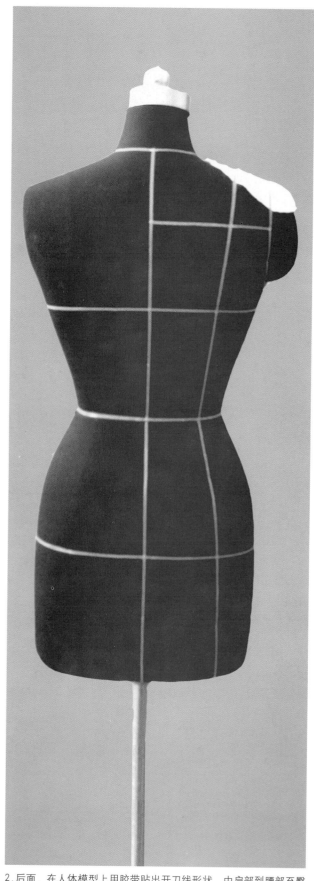

1.前面，在人体模型上安装垫肩，把垫肩对折取中点，再与肩宽点对齐，向外探出正好包住肩部，然后，贴出肩线。最后用胶带贴出开刀线的形状，腰围线以上是弧线，腰围以下是直线。

2.后面，在人体模型上用胶带贴出开刀线形状，由肩部到腰部至臀部是弧线，臀围线以下是直线，要求顺畅、美观。

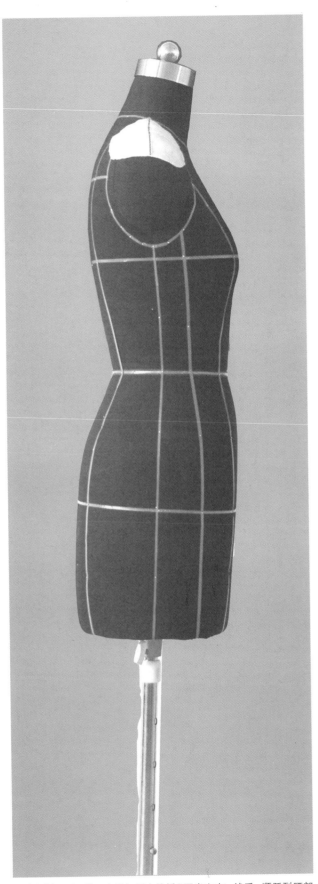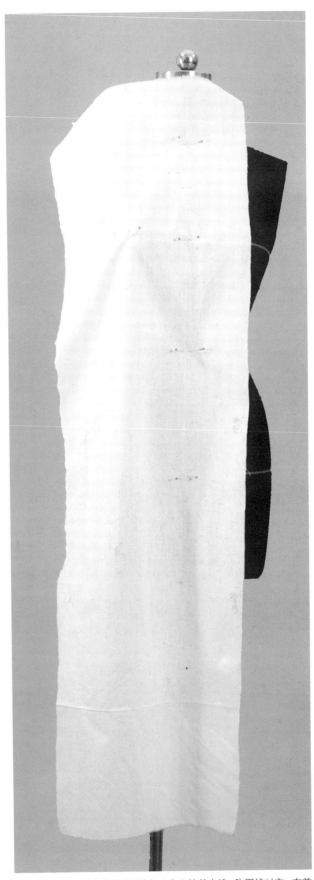

3.贴出侧面开刀线，由前向侧中转折3厘米左右，然后，顺延到腰部至臀部都是弧线，臀围线以下是直线。

4.前片，布样的前中线、胸围线与人台上的前中线、胸围线对齐，在前中线可以向外移0.5厘米作松量，容纳双排扣叠门厚度，在前颈点、胸围线、臀围线分别用两针固定，然后在BP点留0.25×2厘米松量固定。

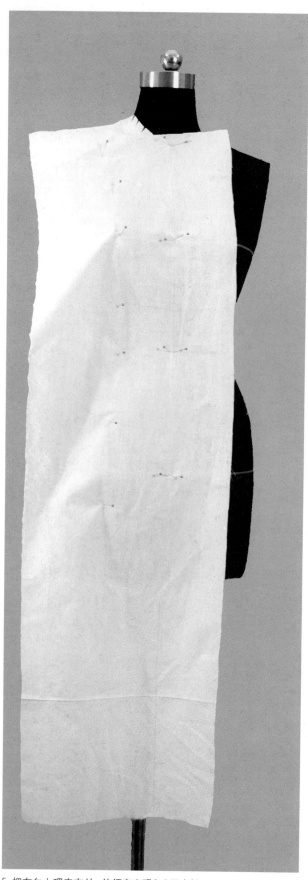 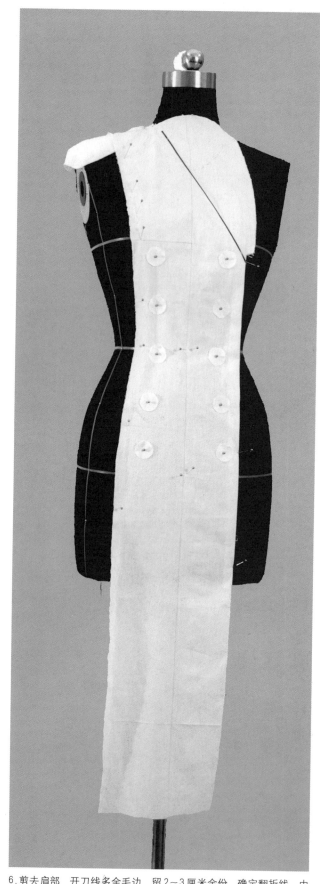

5.把布向上理直布丝,使领窝出现0.3厘米松量是正常的,剪去领窝多余毛边,留2厘米余份,然后打3个剪口,确定领宽由颈侧向外1厘米,以保证领子的良好造型和穿着舒适,固定开刀线。

6.剪去肩部、开刀线多余毛边,留2～3厘米余份。确定翻折线,由颈侧点沿肩线延长线外移1.5厘米与胸围线向下3厘米与搭门6厘米宽交点连翻折线,确定扣位,由翻折点向左2.8厘米,扣距8厘米。

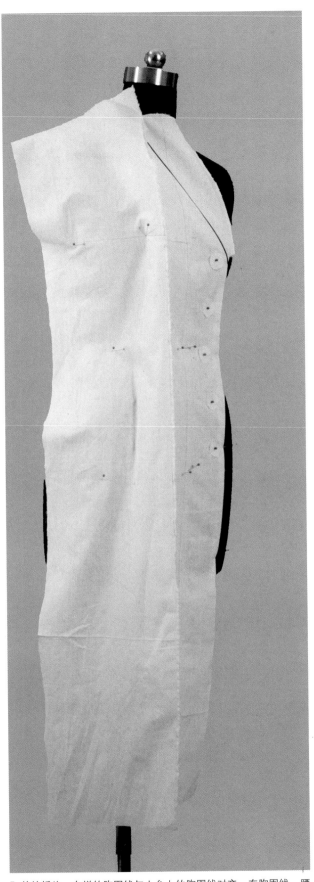

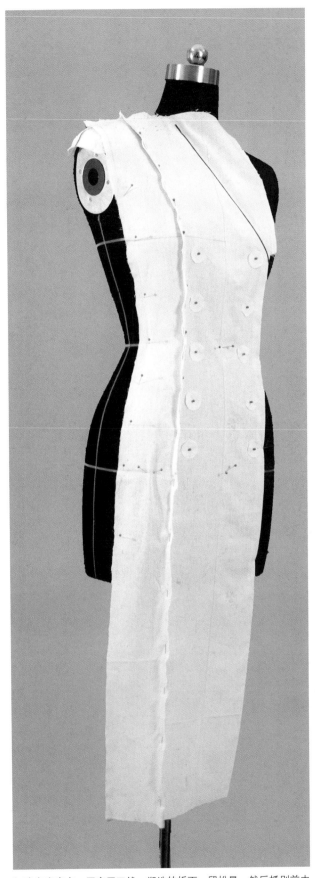

7.前转折片，布样的胸围线与人台上的胸围线对齐，在胸围线、腰围、臀围分别两针固定。

8.确定肩宽点，固定开刀线，塑造转折面，留松量，然后抓别前中和前侧开刀线，给0.25×2厘米松量，注意臀围线以上，随着人体曲度抓别，臀围线以下顺直抓别，剪去多余毛边，留2厘米。

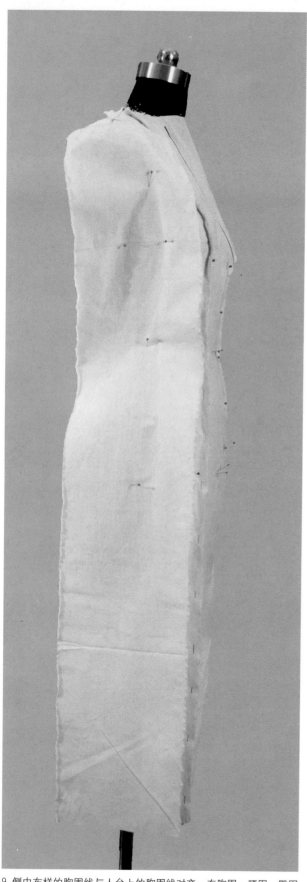

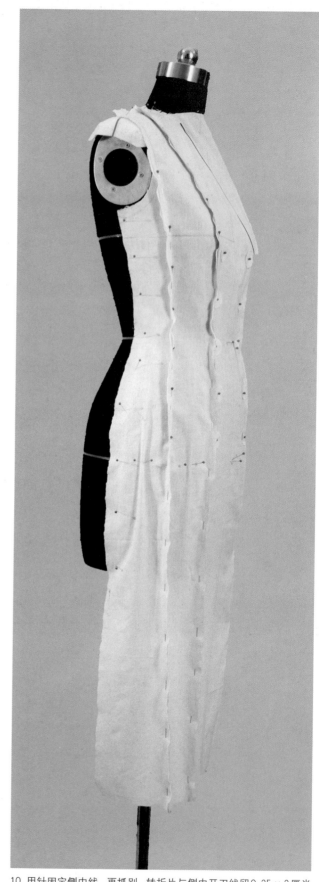

9.侧中布样的胸围线与人台上的胸围线对齐,在胸围、腰围、臀围分别两针固定。

10.用针固定侧中线,再抓别,转折片与侧中开刀线留0.25×2厘米松量,剪去侧中线、袖窿多余毛边,留2~3厘米余份。

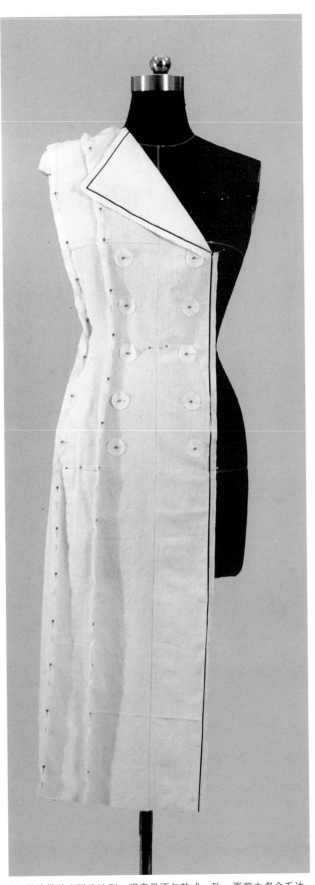

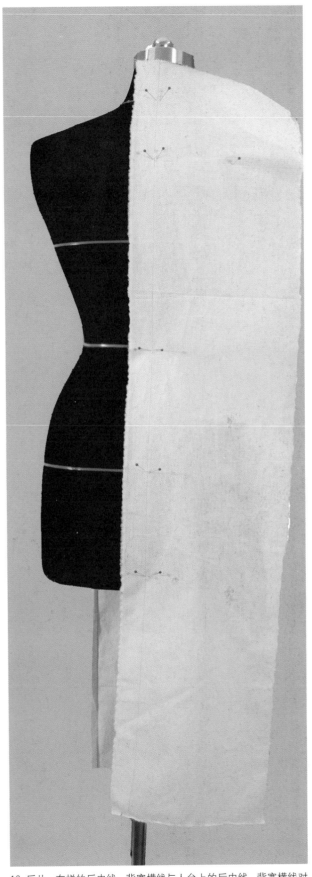

11.用胶带贴出驳头造型，观察是否与款式一致，再剪去多余毛边，留1厘米余份。

12.后片，布样的后中线、背宽横线与人台上的后中线、背宽横线对齐，在后颈点、背宽横线、腰围线、臀围线固定，在背肩胛骨处插针固定。

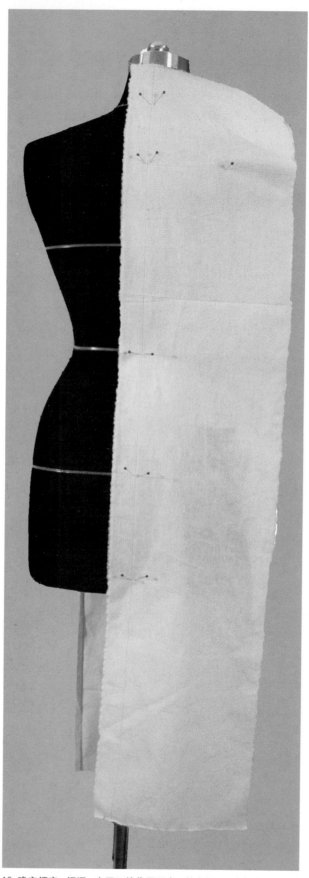

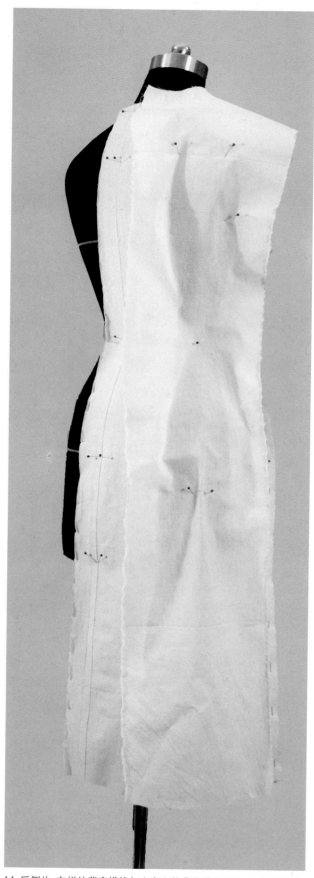

13.确定领宽、领深，在开刀线位置固定，剪去领口、肩部多余毛边，留2厘米余份。

14.后侧片，布样的背宽横线与人台上的背宽横线对齐，在背宽横线、腰围、臀围固定，在臀围留1×2厘米松量。

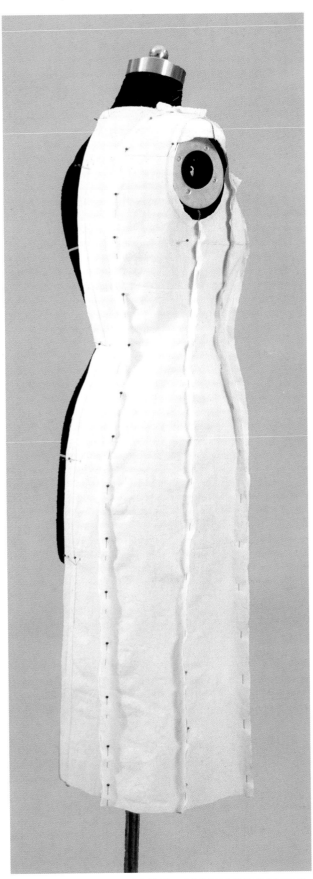

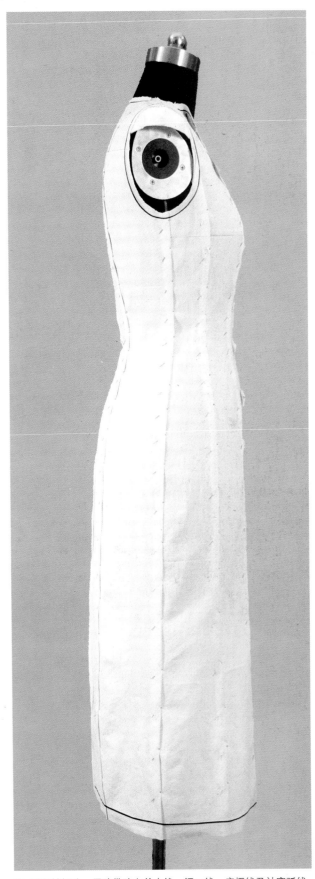

15.塑造转折面，留松量固定侧中线，先抓别后中和后侧的开刀线，留0.25×2厘米松量，再抓别侧中线，留0.25×2厘米松量，臀围线以上随着人体曲度抓别臀围线以下顺直抓别，然后，剪去袖隆弧、开刀线多余毛边，留2厘米余份。作前片、后片标记。

16.折别针假缝，用胶带贴出前中线、领口线、底摆线及袖隆弧线，袖隆深点由腋窝向下3厘米。

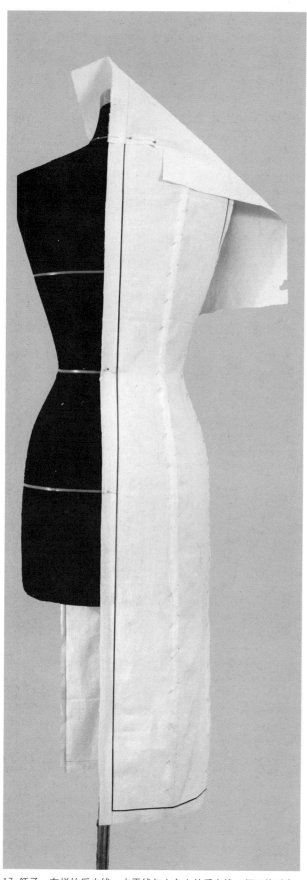

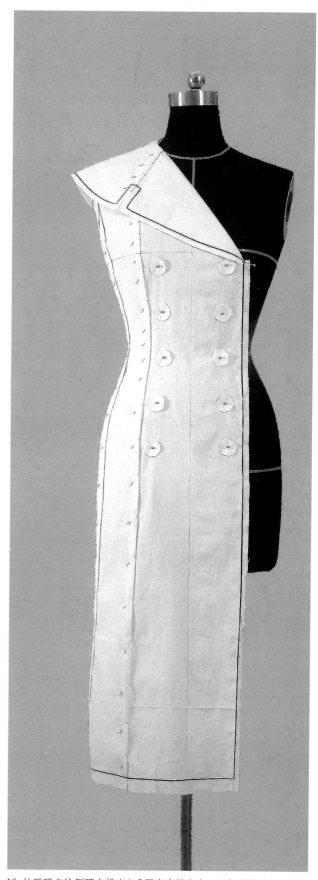

17. 领子，布样的后中线、水平线与人台上的后中线、领口线对齐，横别两针，剪去后中多余毛边，留1厘米余份，然后向前推抚理顺至领窝边缘。

18. 从后颈点往侧颈点推出1.5厘米宽领座高，固定理平后由后领窝往前剪毛边，转到前片理顺，领座宽由颈侧点1.5厘米翻折点逐渐消失，沿线固定领座，剪去多余毛边，并打剪口，使之服贴。贴出披肩领外口线，观察外轮线是否圆顺平服，进行适当调整。

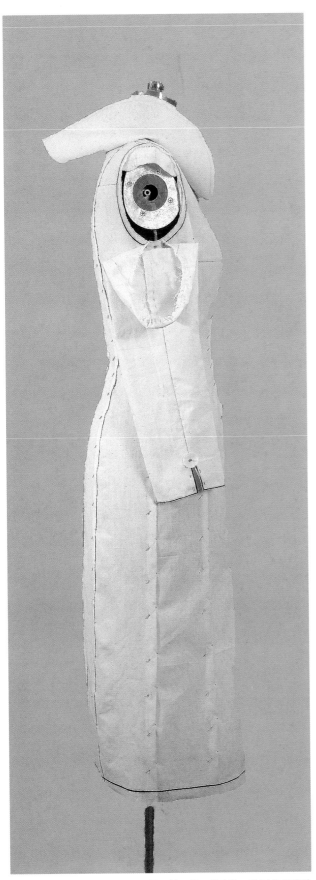

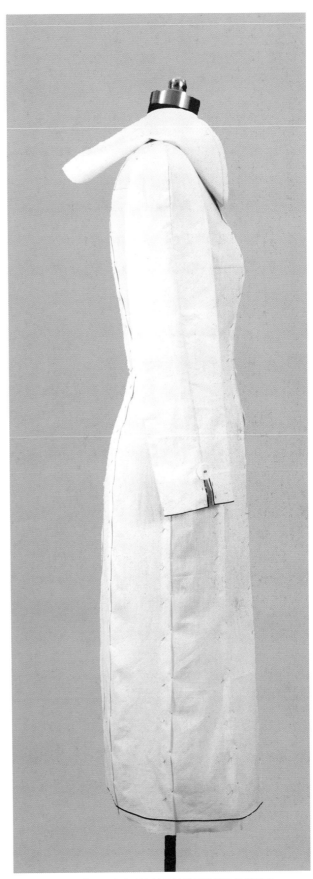

19.绱袖，把做好袖按第一针、第二针、第三针合印，先固定好绱袖位置。袖山高的确定，袖子制图与双排扣女西服的方法相同。袖山与袖窿高度接近，结构互补，袖中线与肩线对上，然后，按袖窿弧线藏针法别上，袖山有少量吃势。

20.对袖型进行整理，注意观察袖子的前后平整和饱满状态。

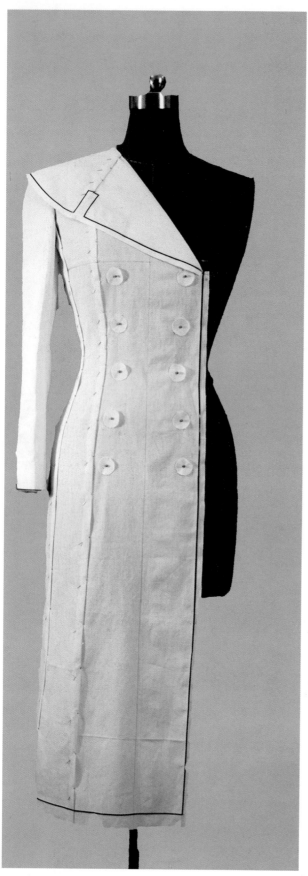

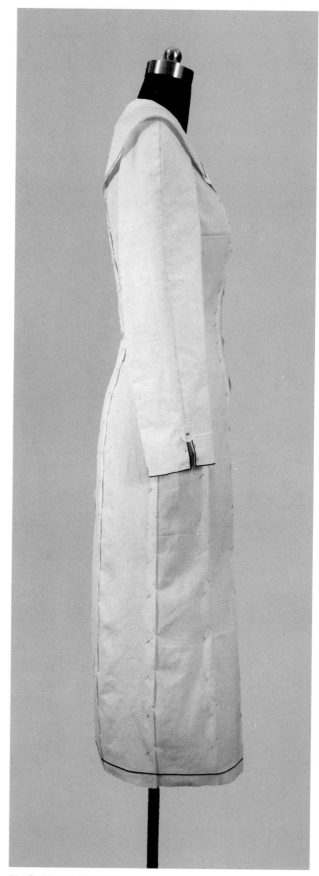

21．最后成型大衣的前面造型。   22．成型大衣的侧面造型。

● 借肩袖大衣平面展开布样

标点、描线、平面整理布样、对应剪修，将所标记点连直线或弧线，然后修剪缝份，再画出完整的前片布样和后片布样及袖片、领片布样。

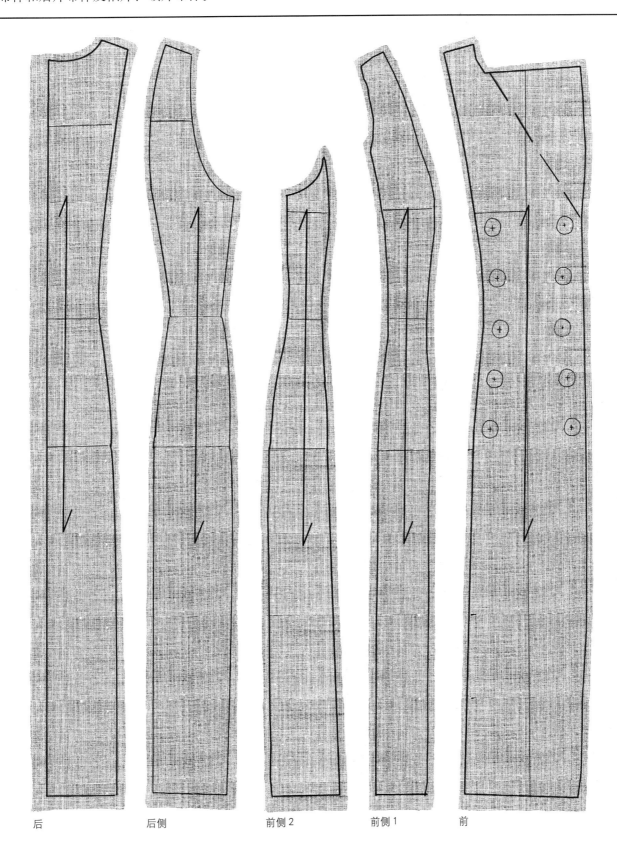

后　　　　　后侧　　　　　前侧 2　　　　　前侧 1　　　　　前

标点、描线，平面整理布样、对应剪修，将所标记点连直线或弧线，然后修剪缝份，再画出完整的前片布样和后片布样及袖片、领片布样。

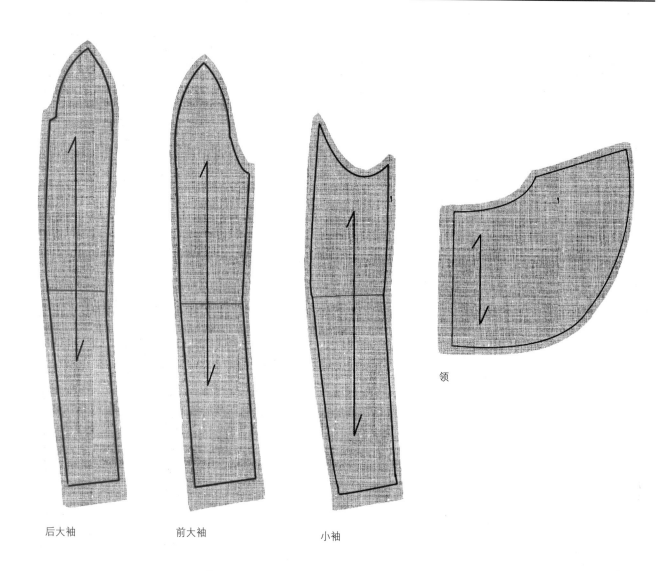

后大袖　　　　　前大袖　　　　　　小袖　　　　　　　　领

借肩袖大衣原型法制图

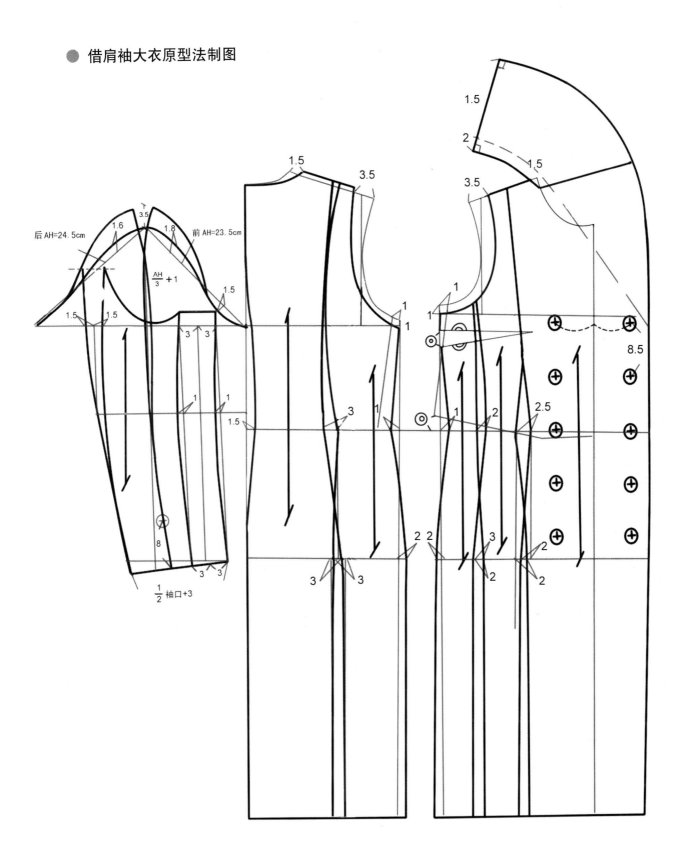

后 AH=24.5cm 前 AH=23.5cm

$\dfrac{AH}{3}+1$

$\dfrac{1}{2}$ 袖口+3

第十章
大师作品欣赏

查尔斯·詹姆斯 (CHARLES JAMES)

查尔斯·詹姆斯 (CHARLES JAMES)

克里斯托瓦尔·巴伦西亚加（CRISTOBAL BALENCLAGA）

让·保罗·戈尔捷（JEAN PAUL GANLTIER）

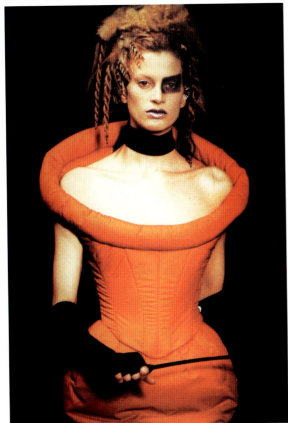

让·保罗·戈尔捷（JEAN PAUL GANLTIER）

迪奥（DIOR）

维维恩·韦斯特伍特 (VIVIENNE WESTWOOD)

克里斯托瓦尔·巴伦西亚加 (CRISTOBAL BALENCLAGA)

查尔斯·詹姆斯 (CHARLES JAMES)

维维恩·韦斯特伍特 (VIVIENNE WESTWOOD)

查尔斯·詹姆斯(CHARLES JAMES)

可可·夏奈尔（COCO CHANEL）

迪奥（DIOR）

迪奥（DIOR）

波玛·巴洛克·堪图瑞 (POMA BAROCCO COUTURE)

华伦天奴 (VALENTINO)

查尔斯·詹姆斯(CHARLES JAMES)

卡迪诺尼（RANIERO GATTIRNONI）

让·保罗·戈尔捷 (JEAN PAUL GANLTIER)

克里斯斯汀·拉克鲁瓦 (CHRI STIAN LACROIX)

巴勒特拉 (ROMA RENATO BALESTRA)

巴勒特拉 (ROMA RENATO BALESTRA)